월면 산책

월면 산책

망원경으로 만나는 63개의 달 크레이터와 그 주인공들

초판 1쇄 발행 2023년 12월 12일

글·사진 한종현

펴낸이 양은하
펴낸곳 들메나무 **출판등록** 2012년 5월 31일 제396-2012-0000101호
주소 (10893) 경기도 파주시 와석순환로347 218-1102호
전화 031)941-8640 **팩스** 031)624-3727
전자우편 deulmenamu@naver.com

값 20,000원
ⓒ 한종현, 2023
ISBN 979-11-86889-31-2 (03440)

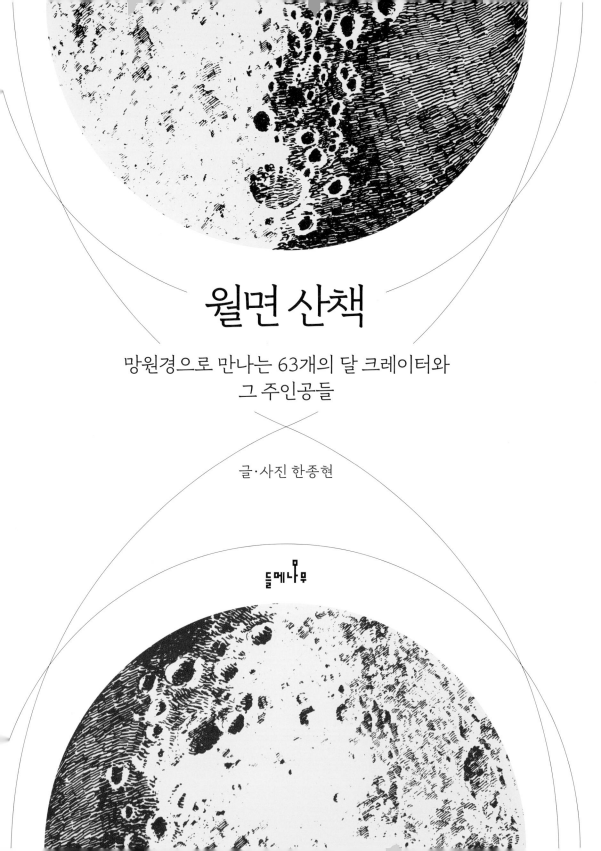

월면 산책

망원경으로 만나는 63개의 달 크레이터와
그 주인공들

글·사진 한종현

들메나무

저자의 말

달은 인간의 시선을 우주로 이끄는 가장 밝은 등불이다. 달이 없었다면 우리는 밤하늘을 바라볼 일이 지금보다 훨씬 적었을 것이다. 하지만 관측 대상으로서의 달은 그냥 한 번 거쳐가는 대상일 뿐, 체계적으로 관측하는 이들은 그렇게 많지 않은 듯하다. 서점에 쏟아져나오는 대중적인 천문학 입문서 가운데 달을 집중적으로 다루는 책이 거의 없다는 것이 그 반증일 것이다.

하지만 우리에게 달은 매우 특별하고 친근한 천체이다. 태양계의 다른 행성들과 비교해봤을 때 우리의 달은 모행성인 지구에 비해 무척 큰 천체이고, 지구와 생태계에 막대한 영향을 미치고 있다. 성운이나 성단, 은하 같은 화려함과 거대함은 없지만, 광해가 심한 도심에서나 심지어 구름이 낀 날에도 우리 가까이에서 태양계와 지구의 역사, 그리고 인류가 그동안 꿈꾸었던 희망에 대해 많은 이야기를 들려준다. 그뿐인가. 망원경의 발견과 우주 탐사가 진행되면서 어느 사이엔가 사람들은 달 위에 철학과 과학의 발전사를 지형의 이름이라는 형태로 새겨놓았다.

달 표면의 지형에 대한 인류의 이해와 접근에 대한 역사를 이해할 수 있게 된 계기는 어윈 A. 휘태커가 쓴 〈Mapping and Naming the Moon〉이라는 책을 통해서였다. 달의 지형을 인물과 함께 이해하면 좋겠다는 아이디어는 이 책을 통해 얻었다는 점을 밝힌다. 책을 구상하고부터 본격적인 글쓰기까지는 꽤 오랜 시간이 걸렸다. 달이라는 천체와 크레이터에 이름이 붙여진 인물에 대한 자료를 모으는 데도 시간이 걸렸지만, 특징을 알아볼 만한 크레이터 사진을 촬영하는 데도 적지 않은 시간이 소요

되었다. 날로 발전해가는 촬영기술과 이미지 프로세싱 기법 덕분에 매일 쏟아져나오는 멋진 사진들을 보면서 사진을 다시 촬영해야 하는 고민들도 있다. 하지만 사진의 목적이 실제 본 느낌에 가깝게 전해주는 데 있다는 관점에서 사진들을 촬영하고 선택했음을 밝혀둔다.

다른 천체 관측에 비해 달 관측의 가장 좋은 점은 관측 조건의 영향을 가장 덜 받는다는 점이다. 달이 예쁘게 떠 있고, 적당한 망원경과 한가한 저녁시간만 있다면 누구나 편안한 달여행을 즐길 수 있다. 다만 사전에 준비를 조금 해간다면 훨씬 더 알차고 볼 때마다 새로운 관측이 될 것이다. 이 책이 그런 여행을 준비하는 유용한 가이드북이 되기를 바란다. 아울러 달의 남극에 있다는 얼음을 찾아, 혹은 인류가 1만 년은 연료로 쓸 수 있다는 헬륨 3을 찾아 여러 나라들이 우주선을 쏘아올리는 시기에 출간하는 이 책이 좀 더 많은 사람들이 달에 관심을 갖게 되는 작은 계기가 되었으면 한다.

대학교 1학년 때 동아리 일기장에 쓸 닉네임을 찾던 중 인상 깊게 읽었던 소설 〈스페이스 오디세이〉에 나오는 인간원숭이 '문워처(moonwatcher)'를 닉네임으로 정해서 지금까지 쓰고 있다. 꼭 이름값 때문은 아니라도 언젠가 별보기에 관련된 책을 쓰게 된다면 달에 관한 책을 꼭 써야겠다고 생각하고 있었는데, 실제로 이룰 수 있게 되어 기쁘다. 책이 완성될 때까지 옆에서 응원해준 가족들과 내게 별보기를 가르쳐주고 많은 밤들을 함께 보냈던 별친구, 선후배들, 그리고 책이 나오기까지 도와주신 들메나무 출판사에 감사의 마음을 전한다.

2023년 12월 한종현

contents

Chapter 3
크레이터와 그 이름의 주인들을 찾아서

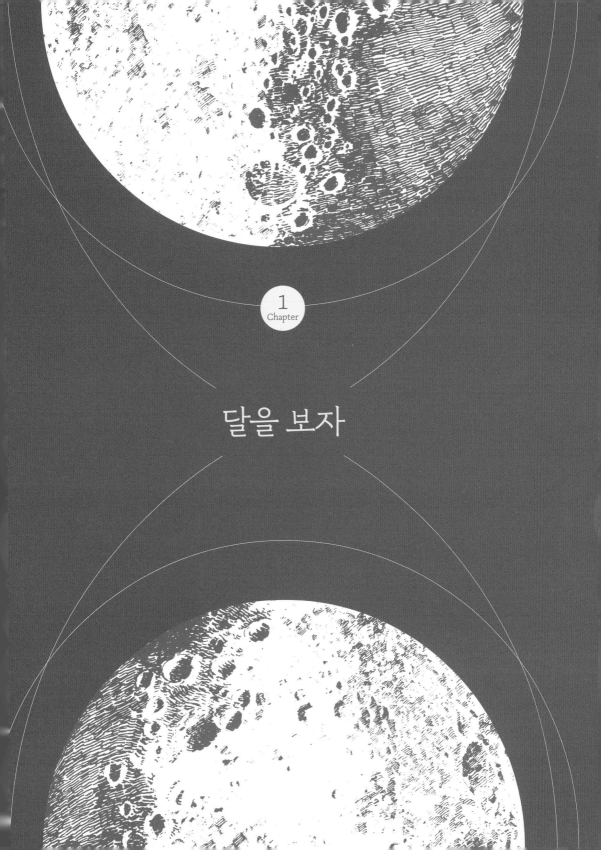

1
Chapter

달을 보자

맨눈으로 본 달

달은 존재감이 큰 천체다. 크기와 밝기는 차치하고라도 지구 어느 곳에서나 보이고, 매일매일 그 위치와 모습을 바꾸며 사람들에게 다양한 상념을 불러일으킨다.

푸르스름한 초저녁 서쪽 하늘에서 내리감은 눈꺼풀처럼 떠 있는 초승달, 어두운 하늘 구름 사이를 흘러가듯 떠 있는 상현달, 한밤중 땅바닥에 그림자가 지도록 밝은 빛을 뿌리는 보름달, 곪은 상처처럼 노랗게, 한밤중 동편 하늘로 슬그머니 떠오르는 하현달, 그리고 어떤 때는 산뜻하게, 또 어떤 때는 처연해 보이기도 하는 그믐달.

이렇게 달은 시대와 지역을 바꿔가며 보는 사람의 마음속에 다양한 이미지를 만들어냈다. 무엇보다도 가늘고 작은 모습에서 자라나 하늘을 뒤덮을 만큼 밝아졌다 다시 기울어 사라지고 또다시 태어나는 달의 변화는 돌고 도는 세상 만물의 이치에 대한 좋은 은유였다.

달이 사람들의 마음속에 다양한 이미지를 만드는 이유 중 하나는 달 표면의 어렴풋한 무늬 때문이기도 할 것이다. 달은 표면의 모습을 맨눈으로 관찰할 수 있는 유일한 천체다. 달 표면에서 여러분은 무엇이 보이는가? 표면의 무늬를 살펴보면 사람 얼굴 같기도 하고, 한쪽 집게발만 큰 게처럼 보이기도 한다. 어떨 땐 토끼 같기도 하고, 또 나무같이 보이기도 한다.

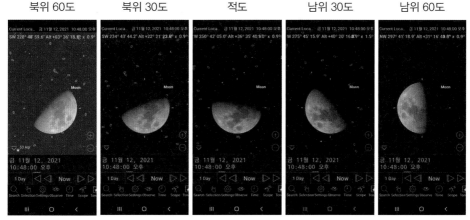

| 북위 60도 | 북위 30도 | 적도 | 남위 30도 | 남위 60도 |

같은 시간에 본 위도별 상현달의 모습

달 표면의 무늬에 대한 사람들의 느낌은 마치 지구인들에 대한 밤하늘의 로르샤흐 검사[1] 같다. 하지만 나라마다 이렇게 무늬에 대한 생각이 다른 데에는 물리적인 이유도 있다. 우리나라와 다른 위도대에 있는 외국에서 달이 뜨거나 지는 모습을 본 적이 있다면 뭔가 어색하다는 느낌을 받았을 것이다. 이렇게 위도대에 따라 달의 남북축이 다른 각도로 보이기 때문에 우리는 같은 무늬도 다른 모습으로 인식하게 된다.

달은 우리에게 시간의 흐름도 알려준다. 하루의 시간은 해를 보고 알 수 있지만, 매일 담벼락에 바를 정(正) 자로 표시를 하지 않고서야 오늘이 지난번 그날로부터 며칠이 지났는지 기억하기란 쉽지 않다. 하지만 달은 29일 반을 주기로 모습을 바꿔가며 시간의 흐름을 정확하게 보여준다. 이렇게 달이 차고 기우는 과정을 12번 반복하면 같은 계절이 돌아온다. 해가 뜨고 지는 것을 365번 기억하는 것보다는 훨씬 쉽다.

---

1) 로르샤흐 잉크 반점 검사는 스위스의 정신과 의사 헤르만 로르샤흐가 1921년에 개발한 성격검사 방법으로, 좌우 대칭의 잉크 얼룩이 있는 10장의 카드로 이루어져 있다. 형태가 뚜렷하지 않은 카드의 그림을 보여주면서 무엇처럼 보이는지, 무슨 생각이 나는지 등을 자유롭게 말하게 하여 피험자의 성격을 테스트한다.

달은 모양만 바꾸는 것이 아니다. 눈에 보이는 시간도 매일 달라진다. 초승달은 아침나절에 뜨지만, 낮 동안에는 태양빛 때문에 눈에 띄지 않다가 초저녁 서쪽 하늘로 질 무렵에서야 보인다. 반달은 대낮에도 보이는데, 이쯤에는 달도 제법 크고 밝기 때문에 눈에 잘 띄어서 '낮에 나온 반달'이라는 동요도 있다. 반면 보름달은 해질녘에 태양의 반대편, 동쪽 산등성이에 모습을 드러낸다.

그믐으로 갈수록 달이 뜨는 시간이 늦어져 하현달이나 그믐달이 뜨는 모습을 보기란 쉽지 않다. 보름이 지나면 오히려 아침 서쪽 하늘에서 달이 보인다. 간밤에 늦게 떠서 아직 지지 않은 달이 아침나절에 보이는 것이다. 이런 현상이 일어나는 이유는 달이 지구 주위를 서쪽에서 동쪽으로 공전하기 때문이다. 우리가 보기에 달은 항상 어제보다 40분에서 한 시간 정도씩 늦게 뜬다.

낮에 나온 상현달(왼쪽)과 아침녘의 하현 무렵 달

망원경으로 본 달

    네덜란드에서 망원경이 최초로 특허 출원된 날이 1608년 10월 2일이고, 갈릴레이가 처음 망원경으로 달 관측 기록을 남긴 것이 1609년 11월 말쯤이다. 그러니까 사람들이 망원경을 발명해 달을 관측하기까지 걸린 시간은 대략 1년 정도인 셈이다.

    얼마 걸리지 않은 것 같기도 하지만, 달리 생각해보면 달이 열두 번이나 뜨고 지는 동안 어떻게 '한번 봐볼까?' 하는 생각도 안 했을까 의문스럽기도 하다. 당시 학자들은 왕이나 세력가들의 후원을 받는 것이 중요했고, 눈에 띄는 업적으로 명성을 얻기 위해 남의 성과를 가로채는 일도 비일비재했다. 그러한 시기에 이 놀라운 기계를 1년 동안이나 묵혀두고 있었다는 게 선뜻 납득이 가질 않는다.

    당시 천문학자들의 관심사는 항성과 행성, 달 등의 운동을 정확하게 예측하는 일에 맞춰져 있었다. 어쩌면 주류 천문학자들에게 망원경으로 달의 표면을 관찰한다는 것은 신의 뜻을 읽어내는 신성한 천문학자가 할 만한 일이 아닌 애들 장난처럼 여겨졌을지도 모른다.

    여러 사료들로 미루어볼 때, 당시 몇몇 과학자들이 망원경으로 달을 관측하려는 시도를 했던 것으로 보인다.[2] 하지만 유의미한 관측 결과를 산출하고 기록을 남긴 것은 우리가 잘 아는 갈릴레오 갈릴레이가 최초였다. 지금으로부터 400년도 더 전의 일이지만, 갈릴레이는 최초의 근대적인 관측자였고, 그 이전의 다른 어느 천문학자들보다도 지금 우리와 가까운 사람이라고 할 수 있다.

망원경으로 달을 처음 보았을 때의 기억을 되살려보건대, 작은 망원경으로 달을 처음 본 사람은 누구라도 갈릴레이와 똑같은 광경을 보고, 똑같은 감정을 느낄 것이다. 처음에는 잠시 경탄하는 것 외에는 아무것도 할 수 없을 것이다. 빛과 어둠으로만 그려진 흑백의 복잡하고 어지러운 패턴들은 전에는 한 번도 본 적이 없었던 모습이다. 잠시 시간이 흐르면 몇 가지 특징적인 지형들이 눈에 들어온다.

"…달의 표면은 거칠고 울퉁불퉁하며… 지구 표면과 아주 비슷하게 높은 산과 깊은 계곡이 있다…. 너무나 경탄스러워 결코 빠뜨릴 수 없는 얘기가 또 하나 있다…. 달의 중심부 가까이 거의 완벽한 원 모양을 한 구덩이가 바로 그것이다."

갈릴레이가 〈시데레우스 눈치우스(Sidereus Nuncius)〉[3]라는 책에 쓴 이 관측기는 오늘날 쓴 글이라고 해도 손색이 없다. 그의 스케치 역시 오늘날 초보자의 스케치와 다를 것이 없다. 갈릴레이 이전에 망원경으로 달을 보고 스케치를 한 사람이 없었으니 갈릴레이는 선구자이자 또한 초보자였다고 할 수 있겠다. 아마도 갈릴레이는 몇 시간, 어쩌면 밤을 새워가며 매일매일 달라지는 달의 모습을 보며 놀라워했을 것이다.

망원경으로 바라본 달은 매우 선명하다. 대기가 없는 달에는 표면을 가릴 구름도,

---

2) 토머스 해리엇이 갈릴레이보다 4개월 정도 앞서 망원경으로 관측한 달 표면의 기록을 남겨두었다. 하지만 갈릴레이의 기록에 비하면 매우 조악한 수준이었다.

3) 1610년에 저술한 소책자. 망원경을 이용한 관측을 기반으로 한 세계 최초의 과학책으로, 갈릴레이를 당시 유럽에서 가장 유명한 과학자로 만들었다. 제목인 시데레우스 눈치우스는 '별의 메신저'라는 뜻.

안개도 없다. 햇빛을 산란시키거나 굴절시킬 대기가 없으니 여명도, 황혼도, 노을도 없고 특별한 색깔도 없다. 모든 지형은 그냥 딱 떨어지는 외곽선을 가지고 있고, 보이는 지형들은 모두 밝거나 어둡거나 둘 중 하나다.

무엇보다 둥글게 팬 구덩이들이 달 전체에 흩어져 있는 모습이 눈길을 사로잡는다. 크기도 제각각이고, 바닥이 평평하거나 가운데 산 같은 것이 튀어나와 있는 곳도 보인다. 어떤 구덩이는 기다란 빛줄기를 사방에 뿌리고 있다. 산이나 산맥처럼 보이는 것도 있고, 잘 살펴보면 홈이 파인 것 같은 지형이나 깎아지른 절벽처럼 보이는 곳도 있다.

보름 무렵에 망원경으로 달을 보았다면, 밝은

갈릴레이의 달 스케치

광채 때문에 잠시 앞이 안 보일 수도 있다. 눈이 서서히 밝은 달빛에 적응하면, 세상에! 마치 얼음판을 망치로 두드려놓은 듯 밝고 어두운 달 표면 가득히 하얀 동그라미와 빛줄기가 어지럽게 흩어져 있는 것이 보인다. 아무리 무심히 보아도 범상하게 넘어갈 풍경이 아니다. '뭔가 저곳에서 커다란 격변이 일어났었나보다' 하는 느낌이 저절로 든다. 큰 망원경이든 작은 망원경이든, 고배율에서든 저배율에서든, 비싼 망원경이든 싸구려 망원경이든, 달은 언제나 놀라운 모습을 보여준다.

이렇게 다양한 풍경들이 이루는 지형들에 대해 사람들은 나름대로 이름을 붙여 분류를 해두었다. 움푹움푹 파인 구덩이들에는 그리스어로 컵이라는 뜻의 '크레이터'라는 이름을 붙였다. 맨눈으로도 보이는 달의 어두운 무늬들은 어째서인지 아주 오래전부터 바다라고 불렀다. 나머지 지형들은 지구와 비슷하다. 산도 있다. 어떤 산은 섬처럼 외따로 떨어져 있는가 하면 장대한 산맥도 있다. 만, 골짜기, 절벽, 계곡… 지구에서 볼 수 있는 풍경이 달에도 거의 다 있다. 다소 모호한 부분도 있기는 하지만, 사람들은 오랫동안 달을 관측하면서 달 지형을 몇 가지로 분류하여 이름을 붙였다.

달의 지형들

Crater (크레이터)	달 표면을 덮고 있는 동그랗고 움푹 파인 지형들을 말한다. 분화구라고도 하는데, 화산과는 관계가 없고 보통 운석이 충돌해 생긴 것들이다.
Ray (레이, 광조)	크레이터 주변의 밝은 빛줄기를 말한다. 아마도 충돌 당시 흩뿌려진 물질들이 쌓인 것으로 생각되지만 그 생성 원리가 명확하게 밝혀져 있지는 않다.
Catena (크레이터 체인)	한 줄로 연결된 크레이터를 말하며, 크레이터 체인이라고 한다. 과거에는 화산활동의 증거라고 생각했지만 현재는 충돌로 인한 것으로 본다.
Mare (바다)	달의 어두운 부분을 말한다. 달에는 물이 없다. 달의 바다는 실제로는 거대한 크레이터이고, 그곳에 용암이 분출해 바닥을 검게 채운 것이다.
Oceanus (대양)	바다와 같지만 좀 더 큰 영역을 말하는데, 실제로는 쏙쏭의 대양 하나뿐이다. 우리가 흔히 말하는 달 토끼의 몸통 부분이 이에 속한다.
Lacus (호수)	현무암이 분출해서 채운 작은 지역들이다.
Palus (습지)	역시 현무암이 분출해 채운 작은 지역이다. 작은 평원을 말하기도 한다.
Promontorium (곶)	바다로 삐죽이 뻗어나온 지역에 붙인 이름이다. 지구의 지형을 비유한 것이다.
Sinus (만)	곶의 반대로 바다가 육지 쪽으로 우묵하게 들어온 지형을 말한다.

Mons (산)	이름 그대로 도드라지게 높은 봉우리들이다
Montes (산맥)	산악지대 또는 늘어선 봉우리들을 말한다.
Dorsa (능선)	길게 연결된 능선을 말한다. 흔히 리지(Ridge)라고도 한다. 달의 바다 가장자리 능선은 특별히 Dorsum이라고 한다.
Vallis (계곡)	이름 그대로 산지 사이에 깊게 파인 지형이다.
Rima (열구)	바다 또는 계곡의 바닥에 갈라진 틈이다. 열구들이 연결된 것은 Rimae라고 한다.
Rupus (절벽)	이름 그대로 절벽 지형이다.

매우 다양한 지형들이 망라되어 있는 듯하지만, 망원경이나 행성물리학이 발달하기 전에 막연히 붙인 이름들이 많다 보니 실제로는 이러한 분류가 큰 의미가 있지는 않다. 대체로 달 지형의 이름은 운석의 충돌로 이루어진 지형에 우리가 지구에서 볼 수 있는 지형의 이름을 가져다 붙인 것이라고 해도 틀리지 않다. 왜냐하면 달은 일찌감치 내부 에너지를 잃고 지난 십수억 년간 대규모의 지각운동도 일어나지 않았고, 대기와 물이 없어 표면을 변화시킬 요인도 없기 때문이다.

달 표면에 변화를 일으키는 요인은 오로지 운석의 충돌뿐이다. 달 표면의 흔적들은 달 자신은 물론 행성들의 생성 과정에 대한 비밀을 알려준다. 행성들은 평온하게 태어나지 않으며, 그야말로 전쟁과 같이 치열하고 격렬한 과정을 거쳐 존재하게 되었다고 말이다.

달 관측을 위한 상식

달을 관측하는 데 반드시 과학적 지식이 필요한 것은 아니다.
우리말을 모르는 외국인들도 K팝에 맞춰 춤을 추듯이,
달 표면의 흔적들은 과학적인 의미뿐 아니라
미학적이거나 심지어 철학적인 의미까지 우리에게 전해준다.
하지만 몇 가지 도구와 요령을 갖추면
우리는 더 많은 것을 얻을 수 있다.
먼저 망원경이 있어야 한다.
우리가 맨눈으로 알아볼 수 있는 지형에는 한계가 있기 때문이다.
또한 천체에서 일어나는 현상이나
복잡한 달 표면의 지형들을 기록하기 위해서
지구인들끼리 정한 여러 가지 약속들도 알아둘 필요가 있다.

망원경

천체망원경의 종류는 사실상 크게 중요하지 않다. 앞서 이야기했듯이 달은 어느 망원경으로 보든 간에 매우 잘 보이며, 너무나 인상적이기 때문이다. 하지만 그래도 크레이터를 하나하나 찬찬히 살펴보기 위해서는 적절한 망원경이 있어야 한다. 그렇다면 적절한 망원경은 무엇일까? 크게 꼽자면 장시간 들여다볼 수 있을 것, 배율이 최대 100배 정도까지는 나올 것, 이 두 가지라고 할 수 있겠다.

먼저 달의 세밀한 지형을 찾아가기 위해서는 편한 자세로 오랫동안 원하는 곳을 볼 수 있어야 한다. 이를 위해서는 튼튼한 받침대가 있어야 한다. 다른 별들과 마찬가지로 달도 밤하늘의 동쪽에서 서쪽으로 이동하므로 망원경을 계속해서 조금씩 움직여주어야 한다. 적도의식 받침대라면 더욱 편리하겠지만, 경위대식 받침대라도 익숙해지면 관측에 지장은 없다. 다만 지나치게 흔들리지 않고 쉽게 움직일 수 있는 받침대여야 한다.

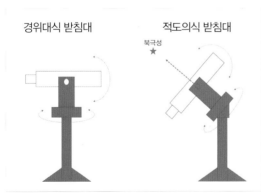

망원경 받침대의 구조

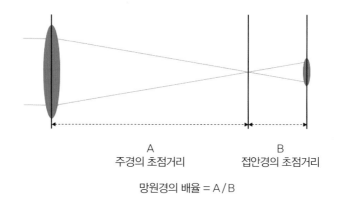

| A | B |
| 주경의 초점거리 | 접안경의 초점거리 |

망원경의 배율 = A / B

망원경의 배율을 구하는 법

    망원경의 배율은 자동차의 속도와 같은 것이어서 자동차마다 한계가 있기는 하지만, 그 범위 안에서는 도로 사정이나 사용자가 필요한 대로 조정할 수가 있다. 망원경의 배율이 높다고 무조건 좋은 망원경이라 할 수는 없다. 적당한 배율로 원하는 관측을 하는 것이 중요하다.

    달은 충분히 밝고 주로 표면의 다양한 지형들을 찾아보는 대상이기 때문에 배율이 어느 정도 높아야 한다. 보는 사람마다 다르겠지만 최대 배율이 100배 정도는 되어야 한다. 그렇다면 100배 정도의 배율을 높이기 위해서는 어느 정도의 망원경이 필요할까? 앞서 말했듯이 망원경의 배율은 조정할 수 있는데, 보통은 접안경(아이피스)을 교체함으로써 바꿀 수 있다. 배율의 계산 방법은 위 그림과 같다.

    이 계산 방법에 따르면, 아이피스만 여러 가지 있다면 어느 망원경이나 이 정도 배율은 나올 수 있다. 하지만 아이피스 초점거리만 줄인다고 한정없이 배율을 높일 수 있는 것은 아니다. 또 통상 판매되는 아이피스들의 초점거리를 감안할 때 망원경의 최소 사양은 구경 50mm 이상, 초점거리 500mm 이상은 되어야 한다. 결론적으로 말하면, 천체망원경이라고 시판되는 망원경은 모두 가능하다고 해도 무방하다.

다만 천체망원경은 쌍안경이나 지상용 망원경과는 달리 풍경의 상하좌우가 거꾸로 보인다(때문에 달 지도를 보고 크레이터의 위치를 찾으려면 지도를 거꾸로 놓고 보는 게 편하다). 여기에 관측을 편하게 해주는 직각프리즘을 사용하면 이것을 다시 거울에 비춰보는 셈이 되어 더욱 헷갈린다. 다행히 요즘은 상을 제대로 보여주는 정립프리즘도 쉽게 구할 수 있다. 혹시 뒤집힌 상이 영 불편하다면 정립프리즘을 사용하는 것도 좋다.

망원경의 세팅과 사용은 뒷부분에서 다시 한 번 자세히 살펴보도록 하자.

시상

망원경의 배율은 자동차가 달릴 수 있는 속도처럼 바꿀 수 있는 것이라고 했는데, 시상(視像, seeing)은 말하자면 도로 사정과 비슷한 개념이다. 즉, 시상은 하늘의 상태를 나타내는 한 가지 지표다.

흔히 하늘의 상태는 '맑다'와 '흐리다'로 구별할 수 있지만, 천체관측 시에는 여기에 시상이라는 개념이 추가된다. 시상은 대기의 안정도를 나타내는 지표다. 눈으로는 보이지 않지만, 지구의 대기는 한 층이 아니라 여러 층으로 나뉘어 있다. 우리가 과학 시간에 배우는 대류권, 성층권, 중간권, 열권과 같은 큰 층을 이야기하는 것이 아니다. 대류권 안에 온도와 바람의 방향이 서로 다른 여러 개의 공기층이 차곡차곡 쌓여 있다는 것이다.

이 공기층은 마치 물과 기름처럼 쉽게 섞이지 않는데, 이 층들의 경계면은 어떤 때는 차분하게 유지되기도 하지만 어떤 때는 파도가 치는 것처럼 출렁인다. 달빛은 이 출렁이는 공기층의 경계를 차례차례 통과하며 오는데, 울퉁불퉁한 유리창을 여러 겹 통과하는 것과 마찬가지다. 때문에 망원경으로 본 달의 모습은 쉴새없이 흔들린다. 이것은 시상이 나쁠수록, 망원경의 구경이 클수록, 그리고 배율이 높을수록 심해진다. 최첨단 천문대에서는 하늘로 레이저를 쏘아, 이 레이저 광선이 산란되는 정도를

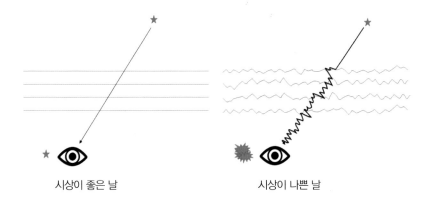

시상이 좋은 날   시상이 나쁜 날

시상의 원리

파악하고 그 변화에 따라 광학계를 미세하게 조절하여 이를 상쇄시킨다. 집에서 달을 보는 사람이 이런 장치를 갖추기는 어렵다. 그렇다면 어떻게 대처해야 할까?

　기본적으로 시상은 날씨의 일부다. 따라서 시상이 아주 나쁜 날이라면 흐려서 달이 안 보인다고 생각하고 그냥 망원경을 접는 편이 나을 수도 있다. 하지만 지레 포기할 필요는 없다. 시상은 순식간에 변하기도 하기 때문이다. 좀 참고 기다리다 보면 갑자기 어느 순간 놀랍게 안정되기도 한다.

　시상만큼 중요한 것이 하나 더 있다. 바로 망원경의 냉각이다. 특히 구경이 큰 망원경은 경통 내부의 온도차로 인해 망원경 안에서 공기가 흔들려 상이 나쁘게 보이는 경우가 있다. 따라서 구경 15cm 이상의 경통을 사용한다면 관측하기 전에 외부에 내어놓아 경통 안의 공기가 안정되도록 기다려야 한다. 그 영향이 얼마나 차이가 나겠냐고 생각할 수도 있겠지만, 고배율로 달 표면을 자세히 관측할 때는 커다란 방해가 된다.

달의 동서남북

별보기에 관심 있는 사람이라면 대개 동서남북을 찾는 방법을 알 것이다. 북극성을 바라보고 섰을 때 오른쪽이 동쪽, 왼쪽이 서쪽, 등 뒤는 남쪽이다. 그러면 달을 바라보고 섰을 때는 어떨까? 북반구에서 달은 남쪽하늘을 지나가기 때문에 북극성을 볼 때와는 반대로 왼쪽이 동쪽, 오른쪽이 서쪽이다.

하지만 달 표면에서 동서남북을 표시할 때는 동서 방향이 지구와 반대다. 즉, 우리가 달을 바라봤을 때 위쪽이 북쪽, 아래쪽이 남쪽인 것은 마찬가지지만 오른편이 동쪽, 왼편이 서쪽이디. 우리기 보기에 서쪽이 달의 동쪽이고, 딜의 서쪽은 우리가 보기에 동쪽이다.

왜 이렇게 헷갈리게 방향을 정했을까? 이는 다른 천체 표면에서의 동서남북을 정할 때도 지구와 같은 방식으로 정하기로 했기 때문이다. 1961년 국제천문연맹이 정한 이 기준은 우주항법적인 전통이라고 하는데, 누군가 외계 행성에 착륙한다면 무조건 해가 뜨는 쪽을 동쪽으로 정하기로 한 것이다.

모든 달 지도에서는 달의 동서남북 방향을 위에서 설명한 바와 같이 표기하기 때문에 이 사실에 익숙해질 필요가 있다. 다만 앞서 설명한 대로 망원경은 상하좌우가 반

달과 지구의 동서남북

대로 보이고, 여기에 직각프리즘까지 끼우면 상하 또는 좌우가 또 뒤집히는 데다가 달의 고도에 따라 남북축의 기울기도 계속 바뀌기 때문에, 정확한 동서남북 방향에 집착하기보다는 달의 특징적인 지형을 몇 개 숙지하여 활용하는 편이 낫다. 이를테면, 달 중앙부를 중심으로 티코는 남쪽에 있고 위난의 바다는 동쪽에 있다. 또 보름이 지나기 전이라면 어두운 쪽이 서쪽이고, 보름 후라면 동쪽이다. 이를 기준으로 지도와 실제 모습을 비교해가면서 주변 지형을 징검다리 삼아 하나하나 건너가듯이 찾아간다면 달 표면의 지형들을 어렵지 않게 찾아볼 수 있을 것이다.

월령

월령(月齡)은 이름 그대로 달의 나이를 말한다. 달은 하루에 한 살씩 나이를 먹는데, 28살까지 먹고 0살로 돌아가기를 매월 반복한다.

월령 0살은 삭(朔), 즉 그믐이라 보이지 않는다. 평면적으로 보았을 때 태양-달-지구 순으로 일직선으로 서 있는 셈이다. 따라서 월령 0일의 달은 개기일식 때가 아니고서는 볼 수 없다. 그렇다면 1일부터는 볼 수 있어야 하는데, 실제로는 그것도 어렵다. 경험 많은 관측자들도 1일 달을 찾기는 쉽지 않다. 볼 수 있는 시간도 일몰 직후에 잠시뿐이며, 밝기도 보름달 밝기의 1%밖에 되지 않아 황혼이 남아 있는 초저녁 하늘에서 거의 눈에 띄지 않는다. 위치를 정확하게 찍어서 망원경으로 봐야 실낱같은 달을 볼 수 있다.

월령 2~3일도 크게 다르지 않다. 하지만 월령이 점차 커져 4~5일을 넘어가면 눈에 띄기 시작하며, 7~8일이 넘어가면 이때부터는 달이 밤의 지배자가 된다. 이 시기부터 월령 15일 보름을 지나 20일 전후까지는 달빛 때문에 밤하늘에서 성운, 성단, 은하 같은 천체들을 관측하기 어려워진다. 이렇게 화려한 시기가 지나면 달은 마치 우리네 인생사처럼 급속히 어두워져 그믐으로 향하며 또다시 새롭게 태어날 준비를 한다.

월령별 달의 변화

터미네이터

terminator [tə́ːrmənèitər]
 1. 종결하는[시키는] 사람[것]
 2. [천문] (달·행성 등의) 명암(明暗) 경계선

우리가 흔히 알고 있는 터미네이터는 유명한 영화의 제목인 1번의 뜻이다. 하지만 달을 볼 때 터미네이터는 다른 뜻이다. 달의 어두운 부분과 밝은 부분의 경계, 그러니까 반달이라면, 반쪽으로 잘라진 한가운데 부분이 터미네이터가 된다.

달이 초승달에서 보름달로, 다시 그믐달로 변화해가면서 터미네이터는 달 표면을 동에서 서로(오른쪽에서 왼쪽) 이동해간다. 달을 볼 때 터미네이터 부분을 잘 관측하는 것이 매우 중요한데, 이것은 달 표면의 지형이 터미네이터 부근에 있을 때 그 특징을 가장 잘 볼 수 있기 때문이다. 지구에서 볼 때 보름달인 날, 만약 우리가 달의 한복판에 서 있다면 태양은 우리 머리 위에 있을 것이다. 즉, 대낮이라는 것이다. 이렇게 햇빛을 정면으로 받고 있다 보니 달 표면은 가장 밝게 빛나지만 각각의 지형적 특징이 모두 사라져 그냥 하얗게만 보인다. 마치 얼굴 바로 앞에서 플래시를 터뜨려 찍은 사진처럼 말이다.

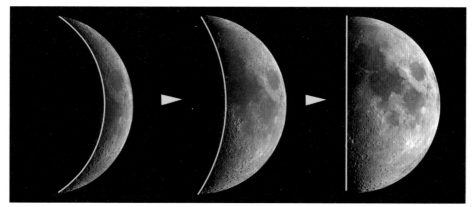

터미네이터의 이동

　한편 터미네이터 부근은 달에서 보자면 아침 또는 저녁이다. 따라서 해는 동녘 또는 서녘에 낮게 떠 있고 산그림자가 길게 드리워져 있다. 공기가 없는 달에서는 태양빛이 산란될 일이 없기 때문에 이런 그림자가 매우 뚜렷하게 진다. 터미네이터에 걸린 크레이터나 산들은 그 옆으로 길게 그림자를 드리고 있으며, 크레이터 외륜이나 산의 능선, 골짜기의 절벽 등이 뚜렷하게 보인다. 또 외륜이 높은 크레이터나 높은 산의 정상부에는 햇빛이 다른 부분보다 일찍 닿기 때문에 칠흑처럼 검은 달의 어두운 부분 위로 섬처럼 밝게 빛나기도 한다.

　따라서 특정한 크레이터를 보고 싶다면 터미네이터가 그 부근을 지나가는 시기를 기다려야 한다. 여기서 잊지 말아야 할 것은, 터미네이터는 특정한 지역을 초승달에서 보름으로 갈 때 한 번, 보름에서 그믐으로 갈 때 또 한 번, 이렇게 한 달에 두 번 지나간다는 것이다. 따라서 월령 2~3일에 보이는 지형을 보기 위해 초저녁에 낮게 뜬 달과 씨름할 필요는 없다. 월령 16~17일경에 터미네이터가 그 지역을 다시 한 번 지나가기 때문이다. 시상을 고려한다면 고도도 낮고 금방 져버리는 초승달보다는 높은 고도에서 여유 있게 관측할 수 있는 보름 전후를 택하는 게 나을 수도 있다. 다만 그림자의 방향은 반대가 될 것이다.

달의 뒷면과 칭동

달의 모양은 월령에 따라 커졌다 작아졌다 하지만, 우리가 보는 달 표면의 무늬들은 언제나 같은 모습이다. 그래서 우리에게 보이는 부분을 달의 앞면(Near Side), 우리가 볼 수 없는 부분을 달의 뒷면(Far Side)이라고 부른다.

달이 항상 같은 면을 지구 쪽으로 향하고 있는 이유는 무엇일까? 달이 스스로 한 바

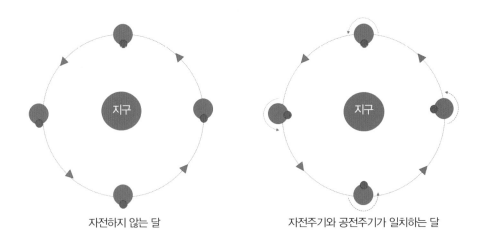

자전하지 않는 달 　　　　　　　자전주기와 공전주기가 일치하는 달

자전하지 않는 달과 자전하는 달

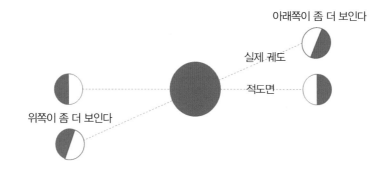

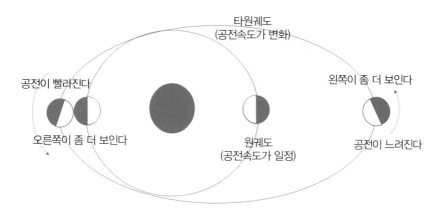

칭동이 일어나는 이유

퀴 도는 데 걸리는 시간과 지구를 한 바퀴 도는 데 걸리는 시간이 일치한다는 얘기다.
이 일치라는 게 그냥 비슷한 정도가 아니라 단 0.001초도 틀리지 않을 정도의 일치다.
두 주기가 조금이라도 달랐다면 이 차이는 계속해서 누적되어 지구를 향한 달의 방향
은 천천히 돌아갈 수밖에 없다. 하지만 유사 이래 달은 사람들에게 항상 한쪽만을 보
여왔다. 이렇게 완벽하게 일치할 수가 있다니! 놀랍지 않은가?

더욱 놀라운 현상은 이것이 지구와 달 사이에서만 일어나는 현상이 아니라는 것이다. 화성의 포보스와 데이모스, 목성의 4대 위성, 토성의 타이탄, 천왕성의 미란다 등을 비롯해 행성 주위를 도는 대부분의 위성들은 그 공전주기가 정확하게 일치한다. 이러한 현상이 일어나는 이유는 조석력 때문인데, 조석력에 의해 자전주기가 천천히 조정되면서 정확하게 일치하게 된다고 한다. 이렇게 자전주기와 공전주기가 같아지는 현상을 조석 고정(Tidal Locking)이라고 한다.

다만 달의 공전궤도가 아주 정확한 원이 아니라 타원형이고, 또 달이 정확하게 지구의 적도를 따라 도는 것이 아니기 때문에, 지구에서 봤을 때 달의 표면은 딱 절반보다는 동서남북 방향으로 조금씩 더 보여서 대략 59% 정도를 볼 수 있다고 한다. 그래서 지구상에서 봤을 때 달은 좌우와 위아래로 약간씩 흔들흔들하면서 지구 주위를 도는 것처럼 보인다. 이런 현상을 칭동(libration)이라고 한다. 달의 칭동의 크기는 동서 방향으로는 6.3도, 남북 방향으로는 6.7도라고 한다.

지구조

　지구조(Earth Shine)는 이름만 듣고는 이것이 어떤 현상인지 바로 이해하기가 쉽지 않은데, 지구에 반사된 햇빛으로 인해 햇빛이 닿지 않는 달의 어두운 부분(뒷면이 아니라 앞면의)이 희미하게 보이는 현상을 말한다. 지구 반사광이라고 하면 좀 더 이해하기가 쉬울 듯하다.

　그림에서 보듯이 지구에서 반사된 햇빛이 달에 비치기 위해서는 달이 초승달이나 그믐달에 가까운 위치에 있어야 한다. 그래서 지구조는 달이 작을 때 잘 보인다. 초승달의 품에 안긴 기운 달(the old moon in the new moon's arms)이라는 시적인 표현

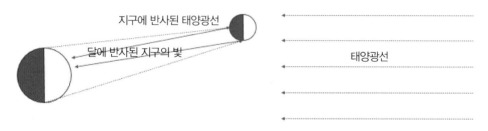

지구조가 일어나는 원리

도 있다. 초승달이 뜬 초저녁에는 누구라도 어렵지 않게 볼 수 있기 때문에 아주 오래 전부터 알려져 있던 현상이지만, 이 현상이 어떻게 생기는 것인지 정답을 맞춘 사람은 저 유명한 레오나르도 다빈치다. 16세기 초, 다빈치는 달이 태양빛과 지구빛을 동시에 반사하기 때문에 이런 현상이 생긴다고 설명했다.

어스름 초저녁에 어두운 지구조를 안고 저물어가는 가느다란 초승달의 모습은 너무나 아름다운 광경이다. 이 시기에는 달의 고도가 높지 않기 때문에 지상의 풍경과 어우러져 한 폭의 그림 같은 풍경을 연출한다.

아름다운 지구조

식(蝕)

식(蝕, Eclipse)은 한 천체가 다른 천체를 가리거나 그 그림자에 들어가는 현상을 말한다. 달은 지구에서 가깝기도 하고 시직경이 크기 때문에 이러한 식 현상을 자주 일으키며, 또 스스로가 지구 그림자에 가려지기도 한다. 모두 아는 바와 같이 월식(月蝕)은 지구 그림자에 달이 가려지는 현상이고, 일식(日蝕)은 달이 태양을 가리는 현상이다. 달의 크기는 지구의 1/4 정도 되기 때문에 지구 그림자가 달 그림자보다 훨씬 크고, 그래서 일식보다는 월식이 더 흔히 일어난다. 하지만 지구의 공전궤도면과 달의 공전궤도면이 정확하게 일치하는 것이 아니기 때문에 이 현상이 매달 나타나는 것은 아니다.

태양이 갑자기 사라지는 일식은 말할 것도 없거니와 멀쩡한 보름달이 갑자기 술기가 오른 듯, 성이 난 듯 불콰해지며 사라져가는 월식의 모습은 옛사람들에게는 기괴하고 두려운 현상이었을 것이다. 하지만 영리한 사람들은 이 현상이 꼭 그믐이나 보름에만 나타난다는 사실을 바탕으로 이것이 서로의 그림자에 가려지는 현상임을 간파했고, 심지어 개기월식 중에 달에 드리워지는 그림자를 보고 지구가 둥글며, 그림자 크기와 달의 크기를 비교해봤을때 대략 지구가 달보다 3~4배 크다는 사실도 깨달았다. 아리스타르코스라는 전설적인 과학자가 바로 그다. 그는 심지어 월식을 이용해

2014년 10월의 개기월식, 지구 그림자가 보인다.

지구와 달, 태양의 상대적 크기와 거리까지 추산했다. 물론 현대에 와서 밝혀진 바에 따르면 그의 계산값은 현실과 큰 오차를 보이지만, 이것은 그의 잘못이 아니라 당시 측정 방법의 한계에 기인한 것이었다.

　일식은 월식보다 보기 드물며, 특히 개기일식은 매년 일어나기는 하지만 지구상의 아주 좁은 영역만을 지나기 때문에 보기 어렵다. 개기일식이 일어날 수 있다는 것은 매우 큰 우연이자 행운이다. 달과 태양의 크기는 비교가 되지 않을 정도로 차이가 나지만 지구로부터 떨어진 거리의 오묘한 조합으로 겉보기에는 거의 똑같은 크기로 보인다. 이 때문에 달은 개기일식 때 태양 크기만큼 딱 가리고, 이 순간 평소에는 볼 수 없는 태양의 대기, 즉 코로나와 홍염을 맨눈으로 볼 수 있게 되는 것이다.

　이 우연이 행운인 이유는, 지구와 달 사이의 거리가 항상 같지는 않기 때문이다. 지구가 생성된 지 얼마 안 되어서는 달이 지금보다 훨씬 더 지구에 가까웠고, 그래서 훨씬 커 보였다. 그래서 이렇게 코로나와 홍염을 보여줄 수 있는 크기보다 훨씬 컸다. 그런데 달은 지금도 지구로부터 멀어지고 있어서 아주 먼 미래에는 태양보다 작게 보이

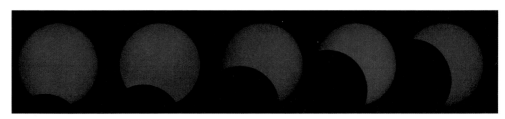

2020년 6월 촬영한 부분일식 연속사진

게 될 것이다. 당연히 지금과 같은 개기일식은 기대하긴 어려울 것이다. 인간의 기준에서는 매우 긴 시간 동안 이 우연과 행운을 누리는 것처럼 느껴지겠지만, 우주적인 시간 관점에서 볼 때 이것은 행운이라는 말 외에는 달리 표현하기 어려운 우연이다.

달은 별을 가리기도 한다. 이런 현상을 성식(星蝕)이라고 하는데, 보통은 밤하늘의 항성을 가리지만, 가끔 행성을 가리기도 한다. 이런 현상을 특별히 토성식, 금성식 등으로 말하기도 한다. 빈도로 따져본다면 성식은 매우 흔히 일어나는 일이다. 사실 매일 밤, 매 순간마다 일어나는 일이라고 해야 옳을 것이다. 문제는 달은 매우 밝은 반면, 별은 어두워서 달에 가려지는 별들이 눈에 잘 띄지 않는다는 것이다. 게다가 달이 10일을 넘어가면 빛이 너무 밝아져서 주변의 별들이 더더욱 잘 보이지 않는다.

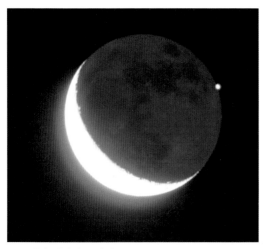

2012년에 일어난 금성식

하지만 가끔씩 달이 알데바란이나 안타레스와 같은 밝은 별을 가리게 되면 볼 만한 광경이 일어난다. 달이 그냥 별을 가리는 게 뭐가 대단할까 싶기도 하지만, 놀

랍게도 성식이 일어날 때 망원경으로 달과 별을 함께 보면 달이 별보다 훨씬 더 앞에 있는 것 같은 입체감이 느껴진다.

밝은 별들 가운데 달에 가려질 수 있는 별들은 의외로 적은데, 이것은 달이 가는 길이 대체로 정해져 있기 때문이다. 달이 지나는 길을 백도라고 하고, 태양이 지나는 길을 황도라고 한다. 사실 황도라는 개념은 천동설적 우주관을 담고 있는 말이다. 즉, 황도는 태양이 지나는 길이 아니라 지구의 공전궤도면이다. 하지만 백도는 지구를 공전하는 달이 실제로 지나가는 길이다. 이 길은 황도와 같이 딱 정해져 있지 않은데, 달의 공전궤도가 황도면에 대해 기울어져 있어 달이 천구의 적도와 황도 사이를 오르락내리락하는 세차운동을 하기 때문이다.

백도는 지구 적도에 대해 18도 15분에서 28도 35분 사이에서 움직인다. 때로 달이 플레이아데스나 히아데스 성단, 또는 프레세페 성단과 같은 밝은 성단들 속으로 뛰어드는 경우도 있다. 이때

히아데스 성식

월령이 5일 이전이나 24일 이후라면 환상적인 모습을 볼 수도 있다.

    달이 무엇을 가리든, 식이 일어나는 이유는 단 하나, 달이 지구를 공전하기 때문이다. 별이 동쪽에서 떠서 서쪽으로 지는 것처럼 보이는 이유는 지구가 서쪽에서 동쪽으로 자전하기 때문인데, 달은 지구를 서쪽에서 동쪽으로 공전하고 있어 다른 별들에 비해 상대적으로 조금 천천히 일주운동을 한다. 별들의 기준에서 본다면 달은 동쪽으로 뒷걸음질을 치는 것처럼 보이고, 이렇게 움직이는 과정에서 다른 천체를 가리게 된다. 북반구에서 볼 때 달은 밤하늘 다른 별들 사이를 오른쪽에서 왼쪽으로 천천히 움직이는 것처럼 보인다. 따라서 달에 가려지는 대상은 (북반구에서 보기에) 달의 왼쪽으로 가려지고 오른쪽으로 나오게 된다. 물론 달이 뜰 때는 위에서 아래로, 질 때는 아래에서 위로 가려지는 것처럼 보이기도 한다(북반구에서 볼 때 달은 남쪽 하늘을 지나가게 되며, 남쪽을 보고 섰을 때는 오른쪽이 서쪽, 왼쪽이 동쪽이 된다).

슈퍼문, 미니문, 블루문

가끔 인터넷이나 언론에서 이번 보름달이 슈퍼문이라는 보도를 접하게 될 때가 있다. 슈퍼문은 그해의 가장 크게 보이는 달을, 미니문은 그 반대인 경우를 말한다. 달이 지구를 도는 공전궤도는 정확한 원이 아니라 타원이라 어떤 때는 가깝기도, 어떤 때는

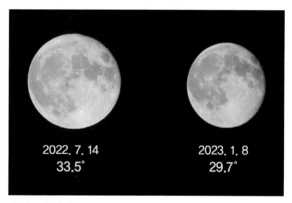

슈퍼문과 미니문

멀기도 하다. 그래서 사람은 잘 느끼지 못하지만 달이 커졌다 작아졌다 한다. 그러나 사진을 찍어 비교해보면 그 크기의 차이가 제법 나는 것을 알 수 있다.

그러면 블루문은 뭘까? 우리가 통상 사용하는 1개월은 30~31일인데, 삭망월은 28일이다. 그래서 가끔 한 달에 보름달이 두 번 뜨는 때가 있다. 이것이 블루문이다. 특별한 의미는 없다.

달의 역사

1960년대부터 인류는 달에 여러 차례 우주선을 보냈고, 6번이나 사람이 착륙했지만 여전히 달에 대해 모르는 것이 많다. 특히 달이 어떻게 생성되었고 어떤 변화를 거쳐왔는지에 대해서는 더욱 그렇다.

그동안 과학자들은 달 표면에 큰 변화를 가져온 대형 충돌을 기준으로 달의 연대를 구분해놓았다. 달에는 풍화작용도 없고 대규모 지각운동도 없기 때문에 충돌의 흔적이 사건의 선후 관계를 구분하는 가장 중요한 증거가 되기 때문이다. 하지만 실제 암석들을 비교해가며 연구를 하기에는 우리가 가지고 있는 자료들이 빈약해서 논란이 되는 부분이 많다. 그냥 대략적인 구분으로 이해하면 좋을 것이다.

히말라야 산맥의 형성이 시작된 시기를 대략 5천만 년 전쯤으로 보고 있으니 달의 지형들이 얼마나 오래된 것들인지 알 수 있다. 바람과 비, 그리고 생물이 천천히, 그러나 끊임없이 표면의 모습을 바꾸어버리는 지구와는 달리 달의 지형들은 아주 오랫동안 보존되었고, 이를 통해 우리는 지워진 지구 탄생의 역사를 되짚어볼 수 있게 되었다.

구분	시기	주요 사건
선(先)넥타리안 기	45.3억 년 ~39.2억 년 전	달이 생성된 후 계속해서 운석이 충돌하던 시기. 마그마의 바다가 점차 굳어 달의 지각이 형성되었다.
넥타리안 기	39.2억 년 ~38.5억 년 전	감로주의 바다가 만들어진 후 비의 바다가 형성되기 전까지의 시기
전기 임브리안 기	38.5억 년 ~38억 년 전	지구를 비롯한 내행성과 소행성들 간의 충돌이 빈번했던 시기. 초기에 비의 바다를 만들어낸 거대한 충돌이 일어났으며, 달의 바다가 된 거대한 분지 대부분이 이 시기에 생성되었다.
후기 임브리안 기	38억 년 ~ 32억 년 전	달의 맨틀 군데군데 분출하면서 충돌로 이루어진 분지를 채워 오늘날에 보이는 대부분의 바다를 형성한 시기.
에라토스테니안 기	32억 년 ~11억 년 전	현무암 분출이 점차 줄어들고 현재 보이는 많은 크레이터들이 형성된 시기. 이 시기의 대표 크레이터가 에라토스테네스인데, 아직 선명한 윤곽을 가지고 있지만 레이 시스템은 없는 것이 이 시기 크레이터들의 특징이다.
코페르니칸 기	11억 년 전 ~ 현재	밝은 레이 시스템을 가지고 있는 크레이터들이 형성된 시기. 코페르니쿠스가 대표적이며, 티코, 케플러 같은 크레이터들이 생성되었다.

크레이터와
그 이름의 주인들을 찾아서

크레이터에 이름이 붙여지기까지

세종로나 을지로와 같이 역사상 위대한 인물을 기려 길이나 지형지물에 이름을 붙이는 것은 전세계적인 풍습이다. 마찬가지로 달에도 위대한 '지구인'들의 이름이 붙은 지형이 많다.

망원경으로 달을 관측하고 최초의 기록을 남긴 사람은 갈릴레이이지만, 그 지형에 사람의 이름을 붙이자는 아이디어가 나온 것은 갈릴레이의 관측 이후 20년도 더 지나서였다. 달을 이용해 지구상의 각 지점에 대한 정확한 경도를 측정하자는 아이디어가 나오면서 가상디, 헤벨리우스 같은 유명한 학자들이 달에 대한 정밀한 관측이 필요하다고 느꼈고, 이를 위해서는 달의 특정한 지형에 대해 공통적으로 쓸 수 있는 이름을 붙이면 좋겠다는 생각을 했다. 그 이름은 당연히 자신들과 친구들을 포함해서 당대 유명한 인사들의 이름을 따다 붙이는 것이 좋겠다고 생각했다.

실제로 달 표면의 지도를 만들고 여기에 체계적인 이름을 붙이는 데 성공한 사람은 네덜란드의 천문학자이자 지도 제작자였던 미첼 반 랑그렌이다. 그는 할아버지 때부터 대대로 유명한 지도 제작자 집안의 자손인데, 그의 아버지 아르놀뒤스 반 랑그렌(Arnoldus van Langren)은 1595년에 한반도가 섬이 아닌 반도로 그려진 세계지도를

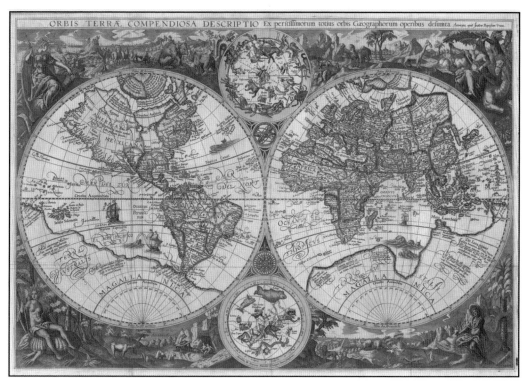

아르놀뒤스 반 랑그렌의 세계지도. 오른쪽 위에 길게 그려진 반도가 한반도이다.

제작하기도 했다(당시에는 한국을 섬으로 기록한 지도들이 대부분이었다고 한다).

미첼 반 랑그렌은 자신의 후원자였던 필리페 2세와 왕녀 이사벨라의 후원을 받아 달 지도 작성을 추진했다. 1645년에 상당한 수준의 달 스케치를 완성하고, 달 지형 325개에 각국의 왕과 왕자, 과학자, 성인 등의 이름을 붙였다. 갈릴레이의 스케치 이후 36년 만의 일이었다.

그러나 그의 아이디어는 금세 다른 사람들에게 도용당하고 말았다. 뒤이어 레이타,

폰타나, 헤벨리우스, 리치올리 같은 유명 학자들이 너도나도 달 지도와 자기만의 명칭 체계를 들고 나왔고, 그로부터 거의 300년 동안 달 크레이터의 이름은 뒤죽박죽이 되었다.

이러한 혼란이 마무리된 것은 20세기에 들어서면서이다. 1919년 국제천문연맹(IAU)이 결성되면서 달 크레이터의 명칭을 정리하는 작업이 다시 시작되었고, 꽤 오랜 기간의 작업을 통해 혼란스러웠던 명칭 체계가 말끔히 정리되었다. 1935년 IAU는 최초의 체계적인 월면 명칭 리스트인 〈Named Lunar Formation〉이라는 보고서를 발간했다. 이후 IAU는 주기적으로 달과 행성의 지형에 대한 명칭들을 추가하고 조정하는데, 현재는 행성시스템 명명 워킹그룹(Working Group for planetary system nomenclature)에서 이 일을 담당하고 있다. 현재 달 표면에 이름이 붙여진 지형은 9,100개가 넘으며, 그 가운데 1,560개 정도가 크레이터들이다.

달의 지형에 붙인 이름들은 지구상의 지역이나 신화에서 따온 것들도 있지만, 역사 인물들의 이름을 딴 것이 던연 많다. 이름을 붙이는 데는 나름대로 규칙이 있다. 예를 들어 달에는 원칙적으로 사망한 지 3년 이상 된 과학자, 천문학자, 수학자, 탐험가 등의 이름을 붙인다. 몇몇 우주 비행사들은 우주 개발의 공로를 인정받아 예외적으로 살아 있는 동안 달 크레이터에 자기 이름을 올리는 영광을 누리기도 했는데, 아폴로 11호의 우주 비행사인 암스트롱과 올드린, 콜린스는 생전에 '고요의 바다'에 있는 세 개의 작은 크레이터에 각각 자신의 이름을 올렸다.

탐사선들을 통한 행성 탐사가 진행되면서 수성, 화성 등과 같은 다른 행성의 지형에도 이름이 많이 붙여지게 되었는데, 이 역시 나름대로의 원칙에 따라 이름을 붙인다.

예를 들어 수성의 크레이터에는 바흐, 베토벤, 바이런 같은 예술가들의 이름을 붙이고, 금성에는 미의 여신 비너스(Venus)라는 이름에 걸맞게 여성의 이름을 붙이도록 하고 있다.

한편 화성에는 화성 연구에 공을 세운 과학자와 소설가의 이름을 붙이며, 작은 크레이터에는 특이하게도 지구상에 있는 소도시들의 이름을 붙인다. 수성에는 정철과 윤선도, 금성에는 신사임당과 황진이, 그리고 화성에는 나주와 진주라는 이름을 가진 크레이터가 있다. 아쉽게도 달에는 아직 우리나라 사람의 이름이 오른 바 없다. 참고로, 이 이름들은 단순히 어떤 지형을 구별하기 위한 것으로, 영유권과는 아무런 관련이 없다.

달에는 1,500개가 넘는 크레이터들이 있다.
이 크레이터들에 붙은 이름들은 거의 모두
지구 위에 살면서 달을 바라봤을 실제 인물들의 것이다.
적어도 기록이 남아 있는 한,
달 위에 눈에 띌 만한 커다란 변화가 있었던 일은 없었으니,
우리가 보는 달의 모습은 그들이 보았던 것과 아마도 똑같을 것이다.
짧게는 수십 년, 길게는 2천 수백 년의 시간을 건너
이들을 바로 그 달 위에서 만날 수 있다는 것은 멋진 일이다.
천문학자로서, 또는 철학자나 다른 분야의 과학자로서,
혹은 탐험가, 정치가, 후원자로
자신의 삶을 살았던 그들을 만나러 달로 떠나보자.

본격적인 관측에 앞서(망원경 세팅)

본격적인 관측에 앞서 먼저 관측을 위해 필요한 것들을 챙겨야 한다.

앞서 설명했던 대로 망원경과 적당한 배율의 아이피스가 필요하다. 한두 시간 정도 차분히 관측을 해야 하니 높이가 적당한 의자도 준비하면 좋다.

안전한 관측지를 찾는 것도 중요하다. 달은 밝기 때문에 굳이 어두운 곳을 찾을 필요는 없다. 하지만 꽤 긴 시간 동안 망원경을 고정해두고 봐야 하기 때문에 차들의 왕래가 잦은 곳은 주의가 필요하다.

달 관측을 위한 망원경 세팅

달을 보기 위해서는 먼저 망원경을 세팅해야 한다. 요즘은 다양한 망원경들이 판매되고 있기 때문에 망원경마다 세팅 방법도 제각각이지만, 주요 구성품들이 어떤 기능을 하는지만 이해하면 기본적인 세팅 과정은 크게 다를 것이 없다.

일반적인 천체망원경은 크게 경통(본체)과 접안경(아이피스), 삼각대를 포함한 받침대(마운트), 그리고 파인더로 구분할 수 있다.

■ **경통**

경통은 빛을 모으는 방식에 따라 굴절, 반사, 반사굴절 정도로 구분할 수 있는데, 달을 관측하는 데는 그 형식이 크게 중요하지 않다. 적당한 배율이 나올 수 있는 초점거리만 확보할 수 있다면 문제 없다. 다만 뉴토니안 반사망원경의 경우 광축이 잘 맞았는지 확인할 필요가 있다. 굴절이나 반사굴절 망원경의 경우 대체로 광축이 잘 고정되어 있지만, 뉴토니안 반사망원경의 경우 상대적으로 광축이 쉽게 틀어지기 때문에 망원경 뒤쪽의 광축 조절나사를 조정해서 주경-부경-접안부의 모습이 동심원을 이루도록 잘 맞춰야 한다.

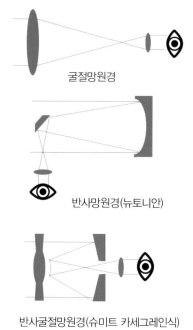

굴절망원경

반사망원경(뉴토니안)

반사굴절망원경(슈미트 카세그레인식)

천체망원경의 종류

마운트 설치

마운트는 망원경의 받침대이다. 마운트는 크게 경위대식과 적도의식으로 구분된다. 그러나 요즘에는 전자기술이 적용된 자동도입(Go-to) 마운트도 많이 사용되는데, 수동 방식이냐 고투 방식이냐에 따라 세팅 방법에 차이가 있다. 마운트 세팅의 기본은 평평한 장소에 안정되게 설치하는 것이다. 삼각대에 달린 수준계 등을 이용해 수평이 잘 맞도록 세워주는 것이 모든 마운트 설치의 기본이다.

■ **경위대 마운트**

경위대 마운트는 일반적인 카메라 삼각대를 생각하면 된다. 설계 방식에 따라 생김새가 좀 다를 수도 있지만, 기본적으로 좌우와 상하로 움직일 수 있는 두 개의 축이 결합된 헤드와 삼각대로 구성되어 있다. 대구경 뉴토니안의 경우 별도의 삼각대 없이 두 이동축이 바로 받침대가 되는 돕소니언 마운트를 사용하기도 한다.

수동 경위대 마운트는 작동 방식을 쉽게 이해할 수 있기 때문에 사용이 쉽다. 수동 경위대 마운트는 특별히 세팅할 것이 없다. 평평한 장소에 안정적으로 삼각대를 설치하고 망원경을 부착하면 끝이다. 돕소니언 마운트라면 더 간단하다. 그냥 망원경 조립 자체가 세팅 완료이다. 시간이 지남에 따라 달이 이동하면 이에 맞춰서 마운트를 계속 돌려줘야 하는 작은 번거로움이 있긴 하지만, 일단 익숙해지면 거의 불편 없이 관측이 가능하다.

■ 적도의 마운트

적도의 마운트는 기본적으로 경위대식과 마찬가지로 좌우, 상하로 움직이는 두 개의 축으로 이루어진 받침대인데, 그중 한 축을 북극성에 맞춰놓은 것이다. 간단히 말하면, 밤하늘의 별이 도는 축과 마운트 회전축 하나가 동일한 것이다. 이렇게 만들어 놓으면 별이 움직이는 길과 망원경이 별을 따라가는 길이 같다. 별의 이동과 망원경의 시야가 똑같이 움직이기 때문에 별이 선이 아니라 점으로 나타나는 사진을 촬영할 수 있다. 따라서 본격적인 사진 촬영을 원한다면 적도의 마운트가 필요하다.

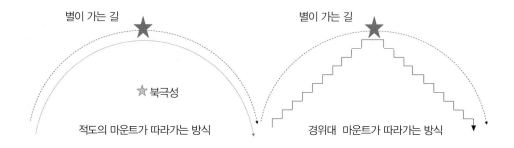

적도의와 경위대의 추적 방식 차이

적도의 마운트를 제대로 사용하기 위해서는 극축정렬을 먼저 해야 한다. 극축 정렬은 북극성 주변에 있는 천구의 북극과 망원경의 적위축을 일치시켜주는 것인데, 이는 매우 중요하고 까다로운 작업이다. 극축 망원경과 여러 가지 보정 방법을 활용하기도 하고, 극축 정렬용 카메라나 프로그램을 따로 쓰기도 하는데, 천체사진 촬영의 성패를 좌우하는 중요한 세팅이다. 하지만 다행스럽게도 달 관측에는 아주 정밀한 극축 정렬이 필요 없다. 오늘 밤에 달만 볼 것이라면 대강 세팅하고 나머지는 조금씩 조정해도 되니 스트레스 받지 말자.

■ 파인더

대부분의 초보 관측자들은 파인더 정렬을 중요하게 생각하지 않는다. 특히 마운트에 자동도입 기능(Go-to)이 있다고 파인더 정렬을 제대로 하지 않았다가 별을 시야 안에 잡아보지도 못하고 그냥 오는 경우도 종종 있다. 망원경은 배율이 높다. 이것은 망원경으로 보이는 시야가 밤하늘의 아주 작은 부분이라는 뜻이다. 그래서 망원경으로 달을 찾는 것은 신문지의 한가운데 100원짜리 동전만 한 구멍을 뚫고, 그 신문지를 펼쳐 든 채 구멍으로 달을 찾는 것과 똑같다.

파인더로 본 달의 모습. 십자선이 있고 상하좌우가 반대로 보인다.

이 때문에 모든 망원경의 옆에는 더 넓은 시야가 나오는 작은 망원경을 하나 달아놓는다. 이것이 파인더다. 관측을 하기 전에는 지상에 나무나 전봇대 같은 것을 이용해서 파인더의 십자선 가운데에 보이는 것이 망원경 시야에서도 보이도록 미리 맞춰놔야 한다. 파인더 정렬이 안 되어 있으면 관측을 시작하지도 못하고 달이 져버릴 수도 있다.

■ 접안경(아이피스)

접안경은 크기가 작아서 대수롭지 않게 보이지만 사실 망원경의 절반이라고 할 만큼 중요한 장비다. 하지만 달을 관측하는 경우 특별히 고성능 아이피스가 필요하지는 않다. 통상 망원경에 따라나오는 번들 아이피스로도 무난하게 관측이 가능하다. 다만 배율을 바꿔가며 볼 수 있도록 초점거리별로 2~3개 정도의 아이피스는 구비하는 것이 좋다.

아이피스의 가격과 성능은 천차만별인데, 보통 원하는 배율을 낼 수 있는 초점거리와 50도 이상의 시야를 갖는 것이면 충분하다. 접안경을 결합한 다음에는 초점 조절 장치를 앞, 뒤로 옮겨가면서 상이 가장 또렷이 보이는 지점을 찾아야 한다. 사람마다 시력이 다르면 초점 위치가 다를 수도 있기 때문에 개인마다 각자의 초점을 잡아야 한다. 망원경은 안경을 쓰고 봐도 상관 없다. 안경을 쓰고 초점을 맞추면 정상 시력을 가진 사람들과 비슷한 지점에서 초점이 맞는다. 그러나 안경을 벗고 보는 편이 편하다면 그렇게 해도 상관없다. 가장 편안하게 보는 것이 중요하다.

관측 계획을 세우자

제대로 된 관측을 하려면 그에 맞는 계획이 필요하다. 오늘 밤 몇 시쯤 망원경을 들고 나가야 할지, 무엇을 볼 수 있고 어떤 것을 보아야 할지, 언제쯤 망원경을 접어야 할지 미리 계획하지 않고 관측에 들어가면 불과 몇십 분 만에 더 이상 할 것이 없어져 버릴 수도 있다.

"사랑하면 알게 되고, 알게 되면 보이나니, 그때 보이는 것은 전과 같지 않으리라"라

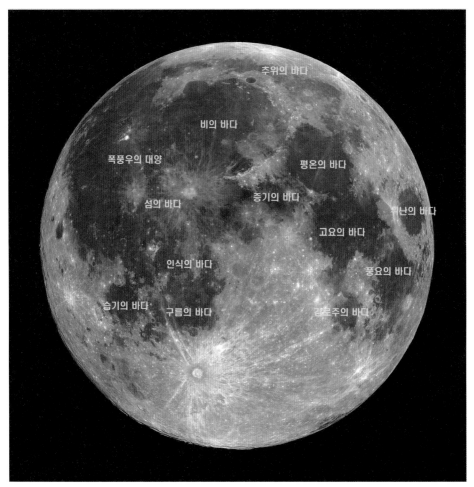

추위의 바다

비의 바다

폭풍우의 대양

평온의 바다

섬의 바다

증기의 바다

위난의 바다

고요의 바다

인식의 바다

풍요의 바다

습기의 바다

구름의 바다

감로주의 바다

보름달에 보이는 달의 바다

는 말이 있다. 알고 봐야 제대로 보인다. 그래서 달 지도가 필요하다. 하지만 달 전체의 크레이터가 그려져 있는 한 장의 달 지도만으로는 조금 부족하다. 달은 계속해서 위상이 바뀌고, 위상에 따라 같은 크레이터도 전혀 다른 모습으로 보이기 때문에 그냥 한 장의 지도만 봐서는 지금 보이는 것이 무엇인지 가늠하기가 매우 어렵다.

다행히 요즘은 유용한 핸드폰 어플리케이션들이 많이 나온다. 어플리케이션에서는 보통 월령별 지형을 보여주기 때문에 종이 지도보다 더 유용하다. 어플리케이션으로 먼저 오늘의 달 모습을 충분히 숙지하고, 그중에 특징적인 부분들을 먼저 알고 가는 것이 좋다. 일단 지금 시야 안에서 눈에 잘 띄는 크레이터나 지형이 무엇인지를 확인하는 것이 가장 중요하다. 그리고 지도를 따라 징검다리를 건너듯 크레이터들을 하나하나 짚어가며 자신이 보고자 하는 지형들을 찾아가야 한다.

달은 월령별로 보이는 모습이 다르기 때문에 월령별로 관측해야 하지만, 그것이 꼭 초승달부터 순차적으로 찾아가야 한다는 뜻은 아니다. 또 초승달에서 보름까지 보이는 크레이터들은 보름에서 그믐까지 순서대로 다시 볼 수 있으므로 보름 이후 늦게 뜨는 달을 애써 기다릴 필요도 없다. 하늘이 맑고, 달이 떠 있고, 망원경을 들고 나갈 여유가 있다면 언제든 즉시 나가서 관측하면 된다. 다만 월령은 1일부터 순차적으로 시작하지만, 월령 4일 이전의 달은 고도도 낮고 일찍 지기 때문에 자세한 관측이 어렵다. 이 시기의 달은 오히려 보름 전후에 관측하는 편이 낫다.

우리의 달 여행은 달이 어느 정도 커진 월령 4일부터 시작해보자.

■ 크레이터 데이터 표 읽는 법

인물명 ◀	미첼 플로렌트 반 랑그렌 Michel Florent van Langren	랑그레누스 Langrenus	▶ 크레이터 이름
출생~사망년도 ◀	1600~1675	8.9°S 61.1°E	▶ 위치
직업 ◀	네덜란드의 지도 제작자, 천문학자	132km	▶ 직경

월령 4~5일

아직까지 고도가 낮은 편이라 관측할 시간이 많지는 않지만, 달의 동쪽 가장자리의 크고 멋진 크레이터들이 우리를 기다리고 있다.

1. 랑그레누스 2. 엔디미온 3. 클레오메데스 4. 타룬티우스 5. 페타비우스 6. 레이타

크레이터에 이름을 붙인 사람의 크레이터
랑그레누스

미첼 플로렌트 반 랑그렌 Michel Florent van Langren	랑그레누스 Langrenus
1600~1675	8.9°S 61.1°E
네덜란드의 지도 제작자, 천문학자	132km

랑그레누스는 네덜란드의 지도 제작자이자 천문학자로, 본명은 미첼 플로렌트 반 랑그렌이다. 그는 대대로 지도 제작을 하는 집안에서 태어나 가업을 이어받았는데, 1645년, 땅에서 하늘로 눈을 돌려 달의 크레이터에 이름을 붙인 지도를 최초로 세상에 내놓았다.

랑그렌이 만든 달 지도에는 325개의 지형 위에 각국의 왕과 왕자, 과학자, 기독교 성인 등의 이름이 붙여져 있었다. 당시 과학자들에게 귀족들의 지원을 받는 것이 무엇보다 중요했는데, 크레이터들은 이러한 스

미첼 반 랑그렌의 달 지도

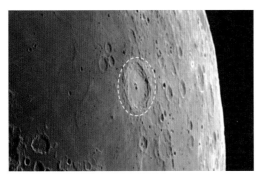
랑그레누스 크레이터

월령 16일 무렵의 랑그레누스

폰서들의 이름을 붙여 환심을 사기 좋은 신시장이었을 것이다. 하지만 만약 다른 사람이 이런 아이디어를 도용한다면? 그래서 랑그렌은 자신의 지도 아래에 자신이 붙인 이름을 바꾸지 말아달라는 호소문과 함께 이를 어길 경우 몰수형과 벌금형에 처한다는 경고문까지 써놓았다.

그의 이러한 바람은 그리 오래 가지 못했다. 레이타, 헤벨리우스, 리치올리 등 당대의 유명 학자들이 너도나도 이름을 붙인 달지도를 발표했고, 이로 인해 그의 명칭 체계는 거의 잊혀져버렸다. 반 랑그렌이 붙인 이름 중 지금까지 원래 자리에 그대로 남아 있는 것은 네 개뿐인데, 중앙만(Sinus Medii), 피타고라스, 엔디미온, 그리고 자신의 이름을 붙인 랑그레누스 크레이터다.

이 기가 막힌 아이디어를 순식간에 도둑맞은 것은 억울했겠지만, 다행히 그의 이름은 달의 동쪽 가장자리에 위치한 장대한 크레이터에 남아 있다. 직경이 132km나 되

는 거대한 랑그레누스 크레이터는
선명한 두 개의 중앙산과 계단처
럼 층이 진 내벽이 생생한 멋진 크
레이터다. 다른 커다란 크레이터
들에 비해 바닥이 밝은 편인 데다
가 가장자리의 레이 시스템도 비
교적 선명해서 커다란 해바라기꽃
이나 국화꽃처럼 보이기도 한다.
다만 동쪽 가장자리에 있다 보니
모양이 길쭉한 타원으로 보이는
아쉬움이 있다.

초승달 남동 지역의 크레이터 체인

6일 달 이전 혹은 보름 직후에
만 제 모습을 가장 잘 보여주지만,
레이가 발달해 있어 보름이 지나
기 전에는 언제나 찾을 수 있다. 달
의 동쪽 가장자리에서 남쪽으로
직경이 100km가 넘는 크레이터
네 개가 늘어서 있는데, 랑그레누
스로부터 시작해서 벤델리누스,
페타비우스, 퍼넬리우스 등의 이

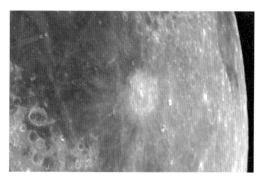

월령 9일 무렵의 랑그레누스

름을 가진 거대한 크레이터의 체인을 찾아보는 것도 재미있다.

월계관을 닮은 크레이터
엔디미온

엔디미온 Endymion	엔디미온 Endymion
–	53.9°N 57.0°E
그리스 신화의 인물	122.1km

크레이터에는 신화 속 인물의 이름도 있는데, 이들 가운데 가장 멋진 크레이터를 꿰차고 앉은 이는 바로 전실직인 미남 엔디미온이다. 그리스 신화 속의 엔디미온은 목동으로, 너무나 잘생긴 외모 때문에 달의 여신 셀레네의 사랑을 받았다. 그의 아름다움이 영원하기를 바랐던 셀레네는 제우스에게 부탁해 그가 영원한 잠에 빠지게 했다고 한다. 아름답다기보다는 섬뜩한 이야기이다.

로마의 학자인 대(大) 플리니우스

폼페이 벽화에 그려진 엔디미온

는 엔디미온이 달의 움직임을 관찰한 최초의 사람이라고 했는데, 이것이 역사적 사실인지, 문학적인 표현인지는 알 수 없다. 다만 엔디미온이 누구였든 달의 여신의 깊은 사랑을 받았으며, 그 역시 밤새 양을 지키며 달을 바라보았을 테니 그 이름이 달의 멋진 크레이터에 붙여져 있는 것은 참으로 합당하다.

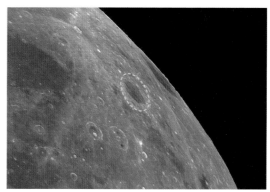

엔디미온 크레이터

엔디미온 크레이터는 그 미모에 걸맞는 크고 잘생긴 크레이터다. 엔디미온은 달의 북동쪽 가장자리에 위치하는데, 직경이 120km가 넘는 거대한 크기에 주변보다 어두워서 눈에 잘 띈

월령 4일 무렵의 엔디미온 크레이터

다. 칭동대역 가까이에 있기 때문에 타원형으로 보이는데, 월령에 따라 달 지평선에서 가까워졌다 멀어졌다 하는 것을 잘 느낄 수 있어 칭동 현상을 실감하기에 좋다. 외륜의 안쪽 경사면은 계단처럼 층이 진 구조가 잘 보이고, 바깥쪽도 충돌의 분출물들이 폭이 넓게 쌓여 있어 전체적으로 마라톤 우승자가 쓰는 월계관 같은 느낌을 준다.

남동쪽 방향으로 기다란 골짜기 하나가 크레이터 안팎을 잇고 있으며, 그만큼 길지는 않지만 서쪽과 서북쪽 방향으로도 골짜기가 외륜 너머로 이어져 있다. 크레이

엔디미온 크레이터

터의 바닥은 용암으로 채워져 어둡고 평평하며 약간의 얼룩이 보인다. 중심산은 용암에 거의 다 묻혀버렸지만 산정은 흔적이 살짝 남아 있어서 약간 희게 보인다. 자세히 살펴보면 크레이터 바닥 북서쪽 가장자리에 비슷한 크기의 작은 크레이터 세 개가 마치 바둑돌을 놓은 것처럼 일정한 간격으로 찍혀 있어 눈길을 끈다.

엔디미온 주변에는 많은 크레이터들이 있지만, 모두 위성 크레이터로 별도의 이름은 없다. 엔디미온의 북서쪽 바깥쪽은 약간 비어 있는 공터처럼 보이는데, 자세히 살펴보면 그 바깥쪽으로 크레이터 외륜의 흔적 같은 능선이 있어서 엔디미온보다 두 배쯤 되는 큰 크레이터 위로 운석이 떨어져 오늘날 엔디미온이 만들어진 것이 아닌가 하는 생각을 하게 된다.

위난의 바다 북쪽의 장대한 크레이터
클레오메데스

클레오메데스 Cleomedes	클레오메데스 Cleomedes
? (기원전 1세기 중반~AD 4세기 추정)	27.7°N 56.0°E
그리스의 천문학자	130.8km

클레오메데스는 그리스의 천문학자로, 활동 시기가 다소 불명확하긴 하지만, 그가 쓴 〈천체의 회전운동〉이라는 책이 현재까지 전해진다. 그의 책은 고대의 천문학자 포시도니우스가 쓴 책 내용을 그대로 전달하고 있어서 오히려 포시도니우스의 업적에 대한 근거로 많이 언급된다. 저 유명한 에라토스테네스의 지구 둘레 측정에 관한 이야기도 바로 이 책을 통해 전해지고 있다.

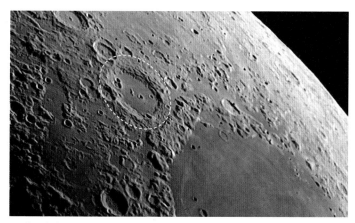

클레오메데스 크레이터

클레오메데스의 이름은 위난의 바다 바로 북쪽에 위치하는 직경 131km의 장대한 크레이터에 붙여져 있다. 클레오메데스 외벽의 안쪽 사면에는 계단 모양의 층이 진 부분이 남아 있지만, 날카로운 능선들은 거의 사라지고 안팎으로 다소 부드러운 언덕들로 경계가 이루어져 있다. 바닥은 용암으로 채워져 평평하며, 중앙에서 약간 북서쪽으로 치우친 곳에 길쭉한 모양의 중앙산이 있다.

클레오메데스의 바닥과 주변에는 여러 개의 크레이터들이 겹쳐 있는데, 바닥에 선명한 네 개의 위성 크레이터들이 인상적이다. 북쪽에 있는 두 개의 크레이터는 서로 겹쳐 있고, 북쪽과 북서쪽 바깥쪽에도 커다란 크레이터들이 위치해 있다. 생성된 후 지속된 무수한 운석의 폭격 속에서도 제법 그 모습을 잘 지켜낸 느낌이다.

클레오메데스 남쪽에는 초승달 때 가장 먼저 보이는 바다인 위난의 바다가 있다. 달의 바다들은 모두 본질적으로 거대한 크레이터라고 할 수 있는데, 위난의 바다는 지

월령 16일 무렵의 클레오메데스

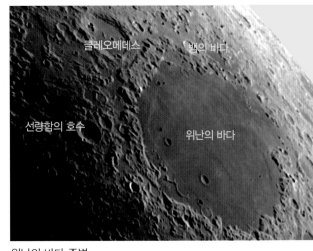
위난의 바다 주변

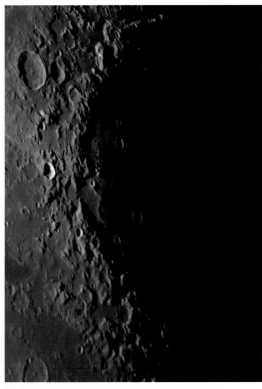
월령 17일 무렵, 밤이 찾아오는 위난의 바다

금으로부터 38억 5천만 년 전쯤 생성된 아주 오래된 지형이다. 직경은 556km로, 실제 모습은 동서 방향으로 길쭉하지만 달의 가장자리에 있다 보니 오히려 남북의 길이가 좀 더 길어 보이는 착시 현상이 나타난다. 다른 바다들과 연결된 부분 없이 외따로 떨어져 있어 커다란 호수 같아 보이고, 그래서 그런지 이름과는 달리 평온해 보인다. 외륜을 이루는 산줄기들은 오랜 풍화로 군데군데 끊어져 있으며, 특히 동쪽으로는 산줄기가 거의 사라졌다.

위난의 바다 북서쪽에서 북동쪽 사이의 바깥쪽은 바닷물이 낮은 지역들을 채운 듯 산지 사이사이로 좁고 복잡한 용암 바다들이 이어져서 마치 우리나라의 다도해 지역이나 북유럽의 피오르드 지형을 연상케 한다. 위난의 바다 서북쪽 지역은 '선량함의 호수(Lacus Bonitatis)', 북동쪽은 '뱀의 바다(Mare Anguis)'라는 별도의 명칭이 붙어 있다. 위난의 바다 서쪽에서 동남쪽까지는 용암대지와 산지들이 만나 이루는 선명한 경계가 들쭉날쭉한 해안선 같은 모습을 이루면서 이어진다. 매우 거대한 지형이지만 배율을 조금 높여서 경계면 구석구석을 살펴보면 아주 흥미로운 관측이 될 것이다.

육각형 크레이터
타룬티우스

루시우스 타루티우스 피르마누스 Lucius Tarutius Firmanus	타룬티우스 Taruntius
기원전 86년경 활동	5.6°N 46.5°E
로마의 철학자, 수학자	57.3km

루시우스 타루티우스 피그마누스는 로마의 철학자이자 수학자, 점성술사이다. 오늘날 점성술은 천문학과 관련 없는 미신으로 인식되지만, 과거에는 저 유명한 카시니 1세조차 천문학에 입문한 계기가 점성술이었을 정도로 뿌리 깊은 믿음이었다. 그는 로마를 건설한 로물루스의 삶과 죽음을 바탕으로 점성술적 관점에서 그의 생일을 역산해서 BC 771년 3월 24일이라고 주장했다고 한다. 타루티우스가 본명이지

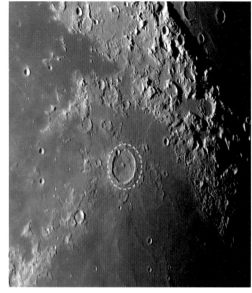

타룬티우스 크레이터

만 어째서인지 크레이터에는 타룬티우스라는 변형된 이름이 붙어 있다.

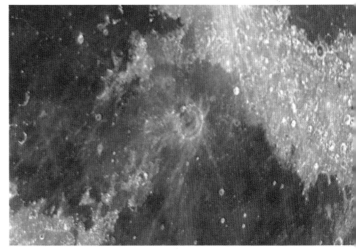
월령 13일 무렵의 타룬티우스와 특징적인 레이

타룬티우스는 위난의 바다 남서쪽, 고요의 바다와 풍요의 바다가 만나는 지점 한복판에 위치한 직경 57km의 잘생긴 크레이터다. 전체적인 모양은 약간 육각형에 가까우며, 크레이터 바닥에 외륜과 동심원을 이루는 둥근 단층선이 있어 인상적이다. 바다의 한복판에는 그다지 높지 않은 중심산이 있다. 외륜은 비교적 선명하며, 북서쪽 외륜에 작고 동그란 위성 크레이터가 머리처럼 콕 찍혀 있다. 타룬티우스의 바닥은 그다지 깊어 보이지 않지만, 대신 외륜 바깥쪽에는 충돌 시 만들어진 것으로 보이는 분출물들이 제법 넓고 높게 쌓여 있다.

타룬티우스 바닥의 둥근 단층선은 비텔로 크레이터의 바닥 지형과 비슷한데, 과학자들은 이러한 지형들이 충돌 이후 크레이터 바닥이 융기해서 만들어진 것으로 보고 있다. 타룬티우스는 비교적 밝은 레이를 가지고 있어 근래에 생성된 크레이터로 여겨지는데, 방사상으로 쭉쭉 뻗어나간 것이 아니라 짧은 선 모양의 레이가 크레이터 가장자리에 제멋대로 그려져 있어서 태양 고도가 높아진 이후에 보면 커다란 무당벌레 같은 느낌을 준다.

타룬티우스의 북서쪽 외륜을 콕 잡아먹은 작은 크레이터에는 미국의 천문학자 로

버트 커리 캐머런의 이름을 따서 캐머런이라는 이름이 붙었다. 캐머런은 1951년 소행성을 하나 발견했는데, 여성 천문학자였던 위니프레드 소텔의 이름을 따서 위니프레드라고 이름 붙였다. 2년 뒤 캐머런은 7살 연상이었던 그녀와 결혼했고, 함께 나사에서 부부 천문학자로 활동했다. 그러나 캐머런은 1972년 갑작스런 죽음을 맞이했고, 그의 아내는 IAU에 청원하여 당시까지 타룬티우스 C라고 불리던 작은 크레이터에 남편의 이름을 붙일 수 있었다.

아폴로 계획에도 참여했고, 달 전문가로 평생 나사에서 근무했던 위니프레드 캐머런은 일흔이 넘어서까지 천문학자로 활동했으며, 큰딸의 이름을 셀레네(달의 여신)로 지을 정도로 열렬한 천문학자였다고 한다. 직경 11km의 작은 크레이터이지만 그 안에 담긴 사랑과 열정의 이야기가 아름답다.

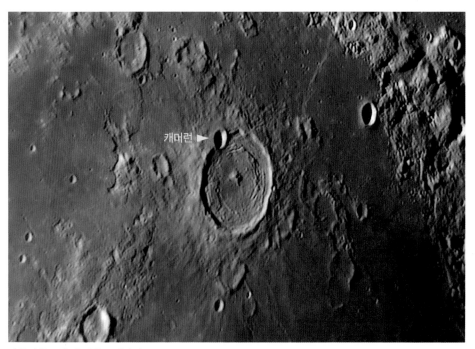

타룬티우스와 캐머런 크레이터

월면도시

페타비우스

데니스 페타우 Denis Petau	페타비우스 Petavius
1583~1652	25.1°S 60.4°E
프랑스의 천문학자	184km

페타비우스는 프랑스 출신의 예수회 성직자 데니스 페타우의 라틴어식 이름이다. 당대에 매우 영향력 있는 지식인이었다고 하는데, 연대학으로 명성을 떨쳤으며, 크리스마스가 실제 예수의 생일이 아닌 다른 축제일(동지를 기념하던 날)이라고 주장했다고 한다.

데니스 페타우

페타비우스 크레이터는 달의 남동쪽 가장자리를 장식하는 장대한 크레이터 체인 가운데에서도 단연 인상적이다. 일단 크레이터의 지름이 180km가 넘는 거대한 크기인데, 외륜의 폭이 특이하게 넓다. 곱고 끈끈한 진흙탕에 뭔가 부드러운 게 픽 떨어지면서 동그랗

페타비우스 크레이터

게 밖으로 밀려나간 것 같은 느낌이다. 크레이터의 외륜은 많이 침식된 것처럼 보이지만, 계단형 구조도 일부 보인다.

크레이터 내부는 비교적 평평해 보이는데, 여러 개의 거대한 중앙산들이 크레이터 중심부에 옹기종기 모여 있고, 서남쪽 방향으로 골짜기 하나가 깊고 곧게 패어 크레이터 외벽까지 이어진다. 위성사진을 보면 중심산에서 북쪽 방향으로도 골짜기가 하나 더 뻗어나가는데 잘 보이지는 않는다.

달의 가장자리에 있다 보니 납작한 타원형의 지역 안에 이러한 것들이 모여 있는 것처럼 보이는데, 중앙에 마천루가 서 있고 주변 베드타운으로 고속도로가 이어진 대도시의 조감도를 보는 듯한 느낌을 준다. 장대하고 아름다운 크레이터지만 월령 3일 내외, 그리고 보름 직후가 지나면 사라져버려 날을 잘 맞추어 관측을 시도해야 한다.

페타비우스의 북서쪽 위에는 페타비우스 B라는 이름이 붙은 위성 크레이터가 있

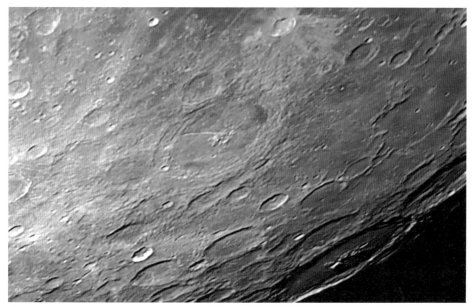

월령 16일 무렵의 페타비우스

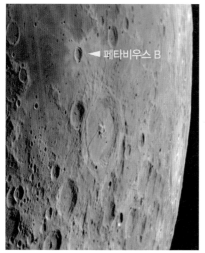

월령 5일 무렵의 페타비우스와 나비 모양의
페타비우스 B

다. 페타비우스 B는 레이 시스템이 매우 특이한데, 남동쪽과 북서쪽 방향으로 하얀 레이가 마치 나비 날개처럼 형성되어 있다. 월령 3일 이후, 페타비우스가 태양빛에 지워져 흔적이 사라져버린 다음에도 이 나비 모양의 레이는 잘 보이기 때문에 페타비우스의 위치를 쉽게 가늠할 수 있게 해준다.

평범한 크레이터, 장대한 계곡
레이타

레이타의 안톤마리아 쉬를레 Anton Maria Schyrle of Rhaetia	레이타 Rheita
1597~1660	37.1°S 47.2°E
체코의 천문학자	70.8km

레이타의 안톤마리아 쉬를레는 체코의 천문학자이자 광학자이다. 케플러식 망원경을 만들었으며, 몇 가지 종류의 정립 및 도립 아이피스를 고안했다. 특히 쌍안경의 선구자로, 그는 쌍안경으로 보면 사물이 훨씬 생기 있어 보이고 크고 밝아 보인다고 주장했다. 행성과 달의 관측에도 업적을 남겼는데, 토성의 고리를 별로 생각하여 두 개의 동반성이 있다고 주장했으며, 목성에 사람이 있다면 지구인보다 훨씬 크고 아름다울 것이라고 말하기도 했다.

그는 달 지도를 만들기도 했는데, 일반적인 달 지도와는 달리 티코가 위쪽에 그려져 있다.

상하가 반대로 된 레이타의 달 지도

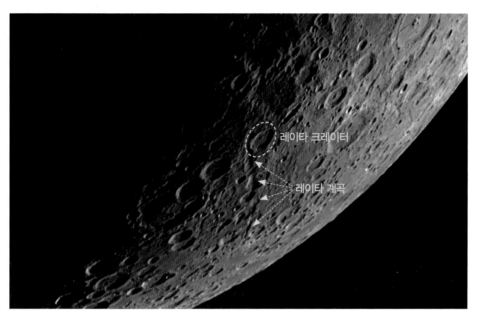

레이타 크레이터와 레이타 계곡

이는 그가 갈릴레이와는 달리 볼록렌즈로 만들어진 아이피스를 사용했다는 증거로 볼 수 있다. 망원경으로 많은 관측을 했음에도 불구하고 확고한 반 코페르니쿠스주의 자였다고 한다.

레이타 크레이터는 달의 동남쪽 가장자리, 파브리시우스와 스테비누스 사이에 있다. 특이하게 크레이터 이름이 본명이 아니라 출신지로 붙여졌다. 직경 70km에 크기도 꽤 크고 윤곽도 또렷하며 중심산도 선명하다. 하지만 이 지역에 워낙 많은 크레이터들이 있어서 그렇게 눈길을 끌지는 못한다.

하지만 바로 그 곁을 지나는 깊은 골짜기를 보면 얘기가 달라진다. 이 계곡에도 레이타의 이름이 붙여져 있는데, 슈뢰터와 마찬가지로 레이타도 크레이터보다 계곡을 통해 더 많이 언급되는 인물이다. 레이타 계곡은 레이타 크레이터의 남서쪽 바로 아

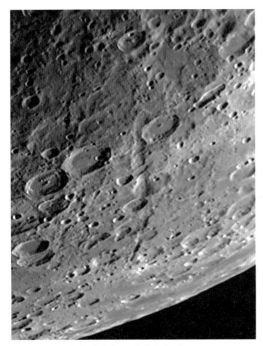

월령 6일 무렵의 레이타 크레이터와 계곡

월령 9일 무렵의 레이타 크레이터 주변

래에서 시작해 남동쪽 방향으로 509km나 이어지는 직선의 계곡이다. 사면은 가파르게 보이지 않고 지구의 U자 곡 모양으로 부드럽게 파인 느낌인데, 마치 달 표면을 둥근 조각도로 쓱 파낸 것 같다.

물도, 빙하도 없는 달에 이런 지형을 만든 현상이 무엇일까? 과학자들은 레이타 계곡의 북서쪽에 위치한 감로주의 바다가 만들어질 때 일어난 충돌 분출물들이 대량으로 낙하하면서 이런 골짜기를 만들어낸 것으로 보고 있다. 실제로 레이타 계곡 말고도 달의 동남쪽 지역에는 감로주의 바다를 향하는 직선의 줄무늬들을 여럿 발견할 수 있다. 긴 시간에 걸친 침식이 아니라 순식간에 일어난 융단 폭격과도 같은 격변으로 이러한 장대한 골짜기가 만들어졌다니 놀라울 뿐이다.

월령 6~7일

동서양 모두 초승달과 상현달 사이인 이 시기를 뜻하는 별도의 이름이 없다. 하지만 이 시기부터 달은 본격적인 매력을 발산하기 시작한다.

1. 아틀라스 2. 포시도니우스 3. 플리니우스 4. 프로클루스 5. 암스트롱 6. 메시에
7. 테오필루스 8. 히파티아 9. 로스 10. 피콜로미니 11. 스테비누스

검은 점과 골짜기

아틀라스

아틀라스 Atlas	아틀라스 Atlas
-	46.7˚N 44.4˚E
그리스 신화의 신	88km

천구를 받치고 있는 조각상으로 유명한 그리스 신화 속 인물이다. 올림포스족과 티탄족 사이의 전쟁에서 티탄족의 편을 들었다가 벌로 대지의 시쪽 끝에 시서 하늘을 지고 있게 되었다고 한다.

아틀라스가 이 영원한 형벌을 떨쳐버릴 기회가 딱 한 번 있었는데, 큰 죄를 짓고 열두 가지 노역으로 그 죗값을 치르던 헤라클레스가 찾아왔을 때다. 헤라클레스는 용이 지키는 황금사과를 훔쳐와야 했는데, 아틀라스에게 이 일을 부탁하고 대신 자신이 잠시 하늘을 지고 있었

천구를 받치고 있는 아틀라스 상

다. 황금사과를 가져온 아틀라스가 하늘을 지고 있는 일을 헤라클레스에게 아예 떠넘

기려 했지만, 헤라클레스는 잠시 자세를 고쳐 잡겠다고 핑계를 대고는 황금사과를 들고 줄행랑을 쳤다고 한다. 지구상에는 아틀라스의 이름이 붙은 곳이 두 곳 있는데, 북서아프리카에 있는 아틀라스 산맥과 아틀라스의 바다, 바로 대서양(Atlantic Ocean)이다.

아틀라스 크레이터는 달의 북동쪽 가장자리, 엔디미온의 남서쪽에 위치한다. 직경이 88km에 이르는 큼직한 크레이터다. 외륜산이 높지는 않지만 능선이 날카롭고 선명하다. 안쪽에 일부 계단처럼 층이 진 구조도 보이지만, 전체적으로 크레이터의 깊이는 그리 깊지 않다. 아틀라스의 바깥쪽으로는 충돌 분출물이 넓은 폭으로 완만한 경사를 이루며 쌓여 있다. 중심부에는 중심산 봉우리 몇 개가 둥글게 모여 있는데, 각봉우리들이 크진 않지만 마치 다섯 손가락을 오므려 손톱을 세운 것 같은 모습이다.

아틀라스의 바닥은 많이 어둡지 않은 편이다. 북쪽에 작은 크레이터 하나가 찍혀 있

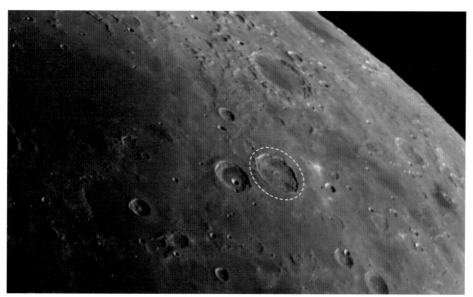

아틀라스 크레이터

월령 14일 무렵의 아틀라스. 바닥에 검은 점이 선명하다.

헤라클레스(왼쪽)와 아틀라스(오른쪽) 크레이터

는데, 크기는 작지만 꽤 밝은 레이를 가지고 있다. 배율을 더 확대해서 바닥을 살펴보면 크레이터 남쪽과 북쪽에 어두운 부분이 각각 한 군데씩 있는 것이 보이며, 크레이터 바닥 전체를 가는 골짜기들이 빽빽하게 달리고 있다는 것을 알 수 있다. 과학자들은 이 어두운 부분과 골짜기들이 모두 화산 활동의 결과물인 것으로 추측하고 있다.

달이 밝아질수록 이 검은 부분들이 두드러지는데, 둥글게 모인 중심산과 북쪽 바닥의 작은 크레이터, 그리고 이 두 검은 부분이 모여 매우 특징적인 모습을 만들어낸다. 아틀라스의 북서쪽에는 외륜의 흔적만 간신히 남은 직경 58km의 고스트 크레이터 아틀라스 E가 있는데, 월령을 잘 맞춰 함께 찾아보는 것도 좋다.

아틀라스의 서쪽에는 아틀라스보다 조금 작지만 눈에 띄는 크레이터가 하나 있는데, 여기에는 얄궂게도 그와 악연인 헤라클레스의 이름이 붙어 있다.

계곡과 산맥을 가진 크레이터
포시도니우스

포시도니우스 Posidonius	포시도니우스 Posidonius
기원전 135년경~51년경	31.8°N 29.9°E
그리스의 지리학자, 천문학자	95km

포시도니우스는 시리아 출신의 천문, 지리, 역사학자이자 정치가이다. 폭넓은 영역에 걸쳐 많은 저작물을 남겼으나 원본은 전하지 않으며, 후세의 여러 학자들의 저작물에 등장하는 고대의 천재 중 한 명이다. BC 90년경, 태양과 지구 사이의 거리가 지구 직경의 9,893배라고 계산했으며, 달의 크기와 지구로부터의 거리도 측정했다.

그의 가장 큰 업적은 에라토스테네스와 조금 다른 방식으로 지구의 크기를 측정한 것이다. 에라토스테네스가 도시 간의 태양의 고도 차이를 바탕으로 지구의 크기를 측정한 반면, 포시도니우스는 그가 살았던 로도스섬에서 보이는 카노푸스(노인성)의 고도

포시도니우스의 흉상

포시도니우스 크레이터

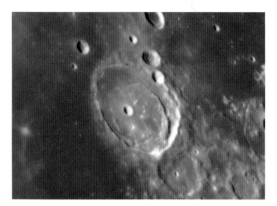
월령 18일 무렵의 포시도니우스

를 알렉산드리아와 비교하여 측정했다. 포시도니우스는 카노푸스의 고도를 측정할 때 지평선 가까이를 통과하는 빛이 대기에 굴절되는 정도까지 반영하여 계산했는데, 결과적으로는 이러한 보정 값이 부정확해서 오히려 실제보다 더 작은 크기로 지구의 둘레를 추산하게 되었다.

하지만 그의 정교한 측정 방법에 깊이 감명받은 프톨레마이오스는 에라토스테네스가 아닌 포시도니우스의 측정 값을 인용했다. 결국 이후 1,500년 동안 지구인들은 자신들이 살고 있는 행성을 실제보다 작게 생각하게 되었으며, 크리스토퍼 콜럼버스가 미국 대륙에 이르렀을 때 지구를 한 바퀴 돌아 인도에 도착했다고 착각하는 결과를 빚어냈다.

포시도니우스 크레이터는 평온의 바다와 꿈의 호수 사이에 있는 95km의 아주 인상적인 크레이터다. 포시도니우스의 외륜은 비교적 뚜렷하게 남아 있지만 안팎으로 모두 용암이 들어차 상대적으로 높이가 낮아 보인다. 특히 서쪽 일부는 바다와 높이가 거의 같아서 살짝 터져 있는 것처럼 보인다. 포시도니우스의 북쪽 언저리에는 작은 크레이터 두 개가 찍혀 있는데, 그중 작은 것은 크레이터 외륜 바로 위에 충돌해 있고, 조금 큰 것은 크레이터 바닥에 둥글게 언덕이 있어 외륜이 두 개처럼 보인다. 포시

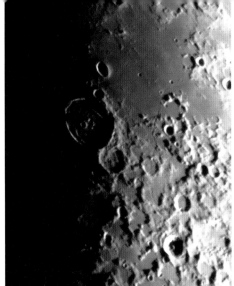
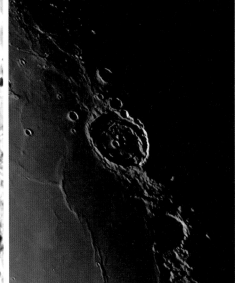

월령 6일 무렵의 포시도니우스　　　　　　　　월령 20일 무렵의 포시도니우스

도니우스의 중앙부에도 작은 크레이터가 하나 찍혀 있는데, 그 북동쪽을 보면 중앙산의 흔적인 듯 보이는 작은 봉우리 네 개가 둥글게 모여 있다.

　포시도니우스의 안쪽을 보면 동쪽 가장자리에서 북쪽으로 긴 호를 그리는 산맥이 눈에 띈다. 내부의 위성 크레이터 북쪽을 살짝 스치면서 북서쪽 상단에서 남동쪽 하단으로 크레이터 안을 가로지르는 기다란 골짜기를 볼 수 있다. 포시도니우스의 서쪽 가장자리에서 남쪽 방향으로도 길게 그어진 홈 같은 골짜기도 보이는데, 남쪽으로 내려오면서 골짜기와 함께 산맥도 보인다.

　이밖에도 월령에 따라 크레이터 바닥을 달리는 골짜기들과 산맥을 볼 수 있다. 이렇게 바닥에 복잡한 균열이 있는 크레이터는 보통 달의 바다 가장자리에 존재하는데, 이는 바다가 생성된 이후의 화산 활동과 관련 있는 것으로 보인다. 구름의 바다 남쪽의 피타투스와 헤시오도스, 그리고 습기의 바다 남쪽의 가상디 등도 포시도니우스와 비슷한 형태를 띠는 크레이터들이다.

화산처럼 생긴 중심산

플리니우스

가이우스 플리니우스 세쿤두스 Gaius Plinius Secundus Major	플리니우스 Plinius
23년경~79년	15.4°N 23.7°E
이탈리아의 자연철학자, 군인	41km

대(大) 플리니우스는 로마 시대의 자연철학자이자 군인으로 저 유명한 〈박물지〉의 저자이다. 37권으로 이루어진 이 책은 당대의 지식을 집대성힌 일종의 백과사전으로, 동물, 식물, 지리, 문화, 천문, 의학 등 다양한 분야의 지식이 망라되어 있었다.

그가 살았던 시대는 로마 역사에서도 큰 사건이 일어났던 시기인데, 하나는 악명 높은 네로 황제의 폭정과 몰락이고, 다른 하나는 베수비오 화산의 폭발로 인한 폼페이의 멸망이었다. 그는 베수비오 화산이 폭발하자 인명 구조와 상황 관찰을 위해 폼페이로 갔다가 그곳에서 사망했다.

대(大) 플리니우스

그의 죽음을 기록한 조카 소(小) 플리니우스에 따르면, 그는 외상 없이 잠든 듯했다고 한다. 특히 소 플리니우스는 이때의 상황에 대해 매우 자세하고 생생한 묘사를 남겼다. 그 기록 덕분에 오늘날 화산학자들은 당시 베수비오 화산과 같이 대량의 화산가스와 마그마 파편을 발생시키고 분연이 성층권에 이르는 매우 격렬한 분화를 일컬어 플리니우스식 분화라고 부른다.

플리니우스 크레이터

플리니우스 크레이터는 평온의 바다와 고요의 바다가 만나는 지점 한가운데에 있다. 두 바다의 경계를 이루는 아르체루시아 곶(串)이 플리니우스의 바로 서쪽까지 이어진다. 플리니우스를 처음 보면 크레이터 중앙에 까만 구멍이 뚫려 있는 모습에 깜짝 놀라게 된다. 이름대로 화산과 연관이 있는 크레이터가 아닐까 하는 생각도 드는데, 실은 화산은 아니고 중앙산이 동그랗게 모여 있어 그렇게 보이는 것뿐이다.

전체적인 모양은 아주 동그란 편이며 외륜도 날카롭게 살아 있다. 내부는 비교

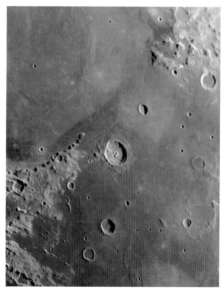

아르체루시아 곶(왼쪽)과 플리니우스(월령 7일 무렵)

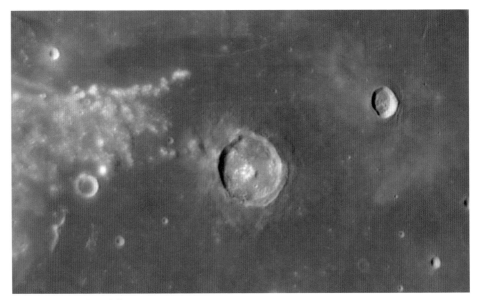

월령 18일 무렵의 플리니우스

적 울퉁불퉁해 보이는데, 서쪽에 언덕과 작은 크레이터들이 더 몰려 있다. 크레이터 내벽이 계단처럼 층이 진 모습도 살짝 볼 수 있으며, 외륜 너머 검은 용암대지 위에 쌓인 분출물의 흔적노 비교석 살 보인다. 플리니우스의 북쪽으로는 기다란 흠십처럼 플리니우스 계곡이 동서로 달리고 있다.

화려한 레이를 가지고 있진 않지만, 외륜과 내부의 지형들이 하얗게 빛나서 보름 무렵에도 찾기 쉽고 느낌도 색달라진다. 직경 41km로 그다지 큰 크레이터는 아니지만 찾기 쉬운 위치와 특이한 내부 지형, 그와 어우러진 주변 지형으로 인해 꼭 한 번 찾아볼 만한 인상적인 크레이터다.

달 위의 한 마리 제비

프로클루스

프로클루스 Proclus	프로클루스 Proclus
410~485	16.1°N 46.8°E
그리스의 철학자	26.9km

프로클루스는 그리스의 신플라톤주의 철학자로, 중세 그리스와 라틴 철학에 큰 영향을 준 인물이다. 콘스탄티노플에서 태어나 알렉산드리아에서 법학을 공부하고 돌아와 성공적인 법률가가 되었지만, 불타는 학구열로 다시 알렉산드리아로 돌아가 공부를 하고, 아테네로 가서 플라톤이 세운 학교에서 공부하여 후에 학교장이 되었다고 한다.

주요 업적은 플라톤의 〈대화편〉에 주석을 단 것이다. 천문학적으로 눈에 띄는 업적은 없었지만, 프톨레마이오스의 이론에 대해서는 다소 부정적인 태도를 가지고 있었던 것

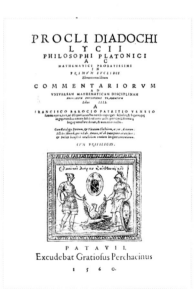

프로클루스가 쓴 유클리드의 〈기하학원론〉 주석서

프로클루스 크레이터

같다. 평생 미혼에 채식주의자로 유복하게 살았으며, 매우 친절한 사람이었다고 전해진다.

　프로클루스 크레이터는 달의 동편에서 가장 눈에 잘 띈다. 직경 27km 정도로 큰 편도 아니고, 뚜렷한 내부 지형도 없는 이 크레이터가 독특한 것은 다른 어느 것과도 비교가 안 되는 독특한 레이 시스템 때문이다. 프로클루스의 레이는 길이가 600km 에 달하며, 크레이터를 중심으로 방사상으로 뻗어나가는데, 오직 남서쪽 고요의 바다 방향으로만 마치 뭔가로 가려놓았던 것처럼 분출물의 흔적이 없다. 레이 시스템이 10시 방향과 6시 방향에서 금을 그어놓은 것처럼 끊겨 부채꼴 모양의 빈 공간이 생긴다. 반면 위난의 바다 쪽으로는 특별히 두 가닥의 긴 빛다발이 뻗어나가 있다. 그래서 전체적으로 한 마리의 하얀 제비 같은 모습을 이룬다.

이렇게 특이한 레이 시스템이 만들어진 것은 크레이터를 형성한 운석이 매우 낮은 각도로 떨어졌기 때문일 것으로 추측하지만, 그렇다고 하기에는 크레이터의 모양이 크게 일그러지지도 않았으니 신기할 뿐이다. 하지만 터미네이터 부근에 걸려서 레이가 사라지면 특징이 거의 없어서 어느 크레이터가 프로클루스인지 구별조차 어려워진다.

크레이터의 바닥은 평평해 보이지 않지만 중심산이나 골짜기라고 할 만한 것은 없으며, 전체적인 모습은 약간 각이

월령 7일 무렵의 프로클루스

월령 18일 무렵의 프로클루스

진 원형이다. 크레이터 서쪽이 계량컵 주둥이처럼 약간 뾰족한 게 특징이라면 특징일 수 있겠다.

살아생전 달 위에 이름을 남긴 사람
암스트롱

닐 암스트롱 Neil A. Armstrong	암스트롱 Armstrong
1930~2012	1.4°N 25.0°E
미국의 우주비행사	4.2km

닐 암스트롱은 인류의 위대한 도약을 의미하는 작은 한 걸음을 달에 내딛은 미국의 우주비행사이다. 그가 달에 한 걸음을 내딛기까지 많은 사람들의 노고가 있었음은 분명하지만, 인류가 달을 향한 도약에 성공할 수 있었던 데에는 강철 같은 심장을 지닌 암스트롱의 개인기가 큰 역할을 했다. 연료가 소진되어가는 상황에

왼쪽부터 암스트롱, 콜린스, 올드린

서 수시로 경보음이 울리는 달 착륙선을 수동으로 조종해 커다란 크레이터를 간신히 넘어 착륙시킨 그의 활약은 결코 우연한 것이 아니었다.

나이를 속이고 조종사로 참전한 한국전쟁에서는 날개가 반이나 잘려나간 전투기를 몰고 적진을 빠져나와 낙하산으로 탈출하는 데 성공했다. 마하 6 이상의 극초음속

시험기였던 노스아메리칸 X-15의 테스트 파일럿으로 일했으며, 우주비행사로 전직한 후에는 제미니 8호 선장으로 우주에 나갔다가 도킹 훈련 중 통제불능 상태에 빠진 우주선을 수동으로 조종해서 지구로 귀환한 일도 있다. 아폴로 11호 선장으로 지명되어 달착륙 훈련을 하던 중에는 기기 오작동으로 추락 직전 비상탈출해서 목숨을 구하고, 다음날 아무 일 없었다는 듯 다시 훈련에 복귀한 적도 있다고 한다.

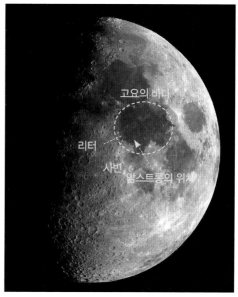

암스트롱 크레이터의 위치

한편 암스트롱과 함께 달에 발을 내딛은 버즈 올드린은 달에 갈 때 포도주와 빵을 몰래 싸가서 혼자 성찬식을 했다는 일화가 유명하다. 달 착륙선이 달에 착륙했다가 다시 사령선과 도킹할 때까지 홀로 절대고독을 견뎌낸 사령선 조종사 마이클 콜린스도 우리가 기억해야 할 인물이다. 그는 달 착륙선이 재이륙에 실패해서 두 사람을 버려두고 혼자 지구로 돌아가야 하는 상황이 발생할까봐 노심초사했다고 한다. 그가 이글

콜린스를 뺀 모든 인류가 담긴 사진

호와의 재도킹 과정에서 촬영한 사진은 단 한 사람 – 콜린스 본인 – 을 제외한 살아 있었거나, 살아 있거나, 태어날 모든 인류가 담긴 사진으로 유명하다.

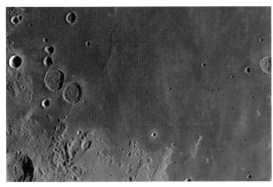
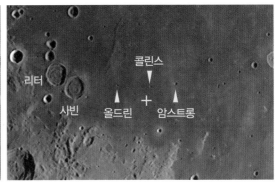

암스트롱 크레이터의 주변 모습(+ 표시는 아폴로 11호 착륙 지점)

　닐 암스트롱과 버즈 올드린, 그리고 마이클 콜린스는 그 업적을 인정받아 살아생전에 달의 크레이터에 이름을 올렸다. 충분히 그럴 만하다. 이들의 크레이터들은 아폴로 11호가 착륙했던 고요의 바다 남쪽 가장자리 부근에 나란히 붙어 있다. 직경 2~4km 정도의 작은 크레이터로 내부 지형을 알아보기는 어려운 크기지만 크레이터가 거의 없는 평평한 고요의 바다의 현무암 평지에 있다 보니 의외로 어렵지 않게 위치를 확인할 수 있다.

　고요의 바다 남서쪽 가장자리를 살펴보면 직경이 30km쯤 되는 두 개의 크레이터가 붙어 있는 것을 찾을 수 있다. 각각 리터와 사빈이라는 이름이 붙어 있는 이 크레이터들은 크기와 울퉁불퉁한 내부 모습이 쌍둥이처럼 똑같아서 쉽게 찾을 수 있다. 그중 남동쪽에 있는 것이 사빈인데, 이 크레이터의 동쪽으로 40~50km 떨어진 곳(사빈의 직경이 30km 정도이니 대략 가늠할 수 있다)을 자세히 살펴보면 바늘 끝으로 콕 찍은 것 같은 작은 크레이터가 보인다. 이 크레이터가 올드린이다. 여기에서 다시 동쪽으로 온 만큼 더 가면 역시 바늘 끝 같은 크레이터가 나오는데, 이것이 콜린스의 크레이터다. 여기서 다시 동쪽으로 30km쯤 떨어진 곳에 조금 더 큰 크기의 암스트롱 크레이터가 위치한다. 비록 세부 모습을 확인할 수는 없지만 위치를 찾아 확인하는 것만으로도 흥미진진한 크레이터들이다.

　참고로 아폴로 11호의 착륙 장소는 콜린스 크레이터에서 남쪽으로 30km쯤 떨어진 곳에 위치한다. 물론 지구상에서는 달 착륙선의 흔적이 보이지 않는다.

혜성을 닮은 크레이터
메시에

샤를 메시에 Charles Messier	메시에 Messier
1730~1817	1.9˚S 47.6˚E
프랑스의 천문학자	13.8km

메시에는 18~19세기에 활동한 프랑스의 천문학자이다. 별에 관심이 있는 사람이라면 누구나 한 번쯤 들어보았을 이름이다. 당대의 천문학자들과 마찬가지로 혜성 탐색에 열중하던 중, 밤하늘에서 별도 아니고 혜성도 아닌 어떤 것들이 꽤 많음을 확인하고, 혼동을 막기 위해 목록을 정리했다. 훗날, 이 목록에 적힌 대상들이 바로 성운, 성단, 은하들임이 밝혀졌고, 본인의 의도와는 상관 없이 후세의 관측자들에게 아주 좋은 천체관측 가이드를 제공하게 되었다.

샤를 메시에

체계적으로 정리된 가이드라인은 아니지만 그래서 더 재미있게 별을 볼 수 있게 해준다. 달 없는 맑은 날 밤 망원경으로 하늘을 보고자 한다면, 그 망원경이 무엇이든 관측은 항상 메시에로부터 시작한다. 어릴 때 본 대혜성과 일식에 매료되어 천문학의

메시에 크레이터

길로 접어들게 된 메시에는 13개의 혜성을 발견한 혜성 탐색가이기도 하며, 프랑스 해군 천문학자와 왕립학회, 프랑스 과학아카데미 회원으로 활동했다. 그러나 그의 이름은 메시에 목록을 통해 다른 어떤 위대한 과학자들보다도 더 친근하고, 항상 살아 있는 이름으로 우리 곁에 있다.

　메시에의 이름이 붙여진 크레이터는 달의 동쪽 가장자리 풍요의 바다 한복판에 위치하는데, 바로 서쪽에 위치한 메시에 A 크레이터에서 시작되는 기다란 두 줄의 레이로 인해 쉽게 찾을 수 있다. 메시에는 긴지름이 14km, 폭이 9km 정도 되는 타원형의 작은 크레이터다. 확대해보면 매끈한 타원형에 바닥에 동서로 어두운 부분이 길게 이어져 있어 꼭 커피콩처럼 보인다. 그리고 바로 서쪽에 위성 크레이터인 메시에 A가 있고, 여기로부터 서쪽으로 100km 이상 되는 길고 평행한 두 가닥의 레이가 혜성 꼬리처럼 뻗어나간다. 마치 이름의 주인이 혜성 탐색가였다는 것을 보여주는 것 같다. 이 꼬리같이 생긴 레이 때문에 메시에는 월령 4~5일 때부터 보름을 지날 때까지 언제나 눈에 잘 띄고 재미있는 관측 대상이 된다.

　보통 메시에 크레이터라고 하면 메시에와 메시에 A, 두 크레이터와 레이를 함께 떠올리게 된다. 메시에 A는 위성 크레이터라고는 하지만 직경이 11km로 메시에와 거의 같은 크기인데, 확대된 모습을 자세히 살펴보면 크레이터 서쪽으로 반쯤 남은 크레이터 같은 지형이 한 겹 더 있다는 것을 알 수 있다.

이렇게 특이한 모습에 대해 어떤 과학자들은 아주 낮은 각도로 날아온 유성체가 첫 번째로 달에 충돌하여 메시에를 만들고, 물수제비가 튀듯 튕겨나가 다시 충돌해 메시에 A를 만들었다고 추측한다. 실험에 의하면, 입사각 90~25도에서는 크레이터나 분출물의 모양이 거의 달라지지 않는다고 한다.

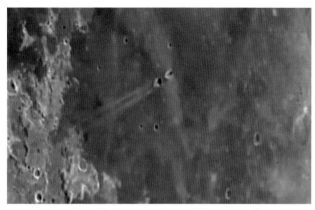

혜성 꼬리를 닮은 메시에 크레이터의 레이(월령 7일 무렵)

월령 18일 무렵의 메시에

그렇지만 25도 이하가 되면 크레이터나 레이의 모습이 일그러지기 시작하며, 입사각이 5도 이하가 되면 바닥에 부딪치고 튕겨나가 2차 크레이터를 만든다고 한다. 메시에의 타원형 모양과 매끈한 사면, 메시에 A 서쪽의 언덕 같은 지형, 그리고 같은 방향으로 길게 이어진 두 가닥의 레이를 보면 앞의 설명이 그럴듯하게 느껴진다.

가장 멋진 중심산

테오필루스

알렉산드리아의 테오필루스 Theophilus of Alexandria	테오필루스 Theophilus
? ~412년	11.4°S 26.4°E
알렉산드리아의 대주교	98.6

알렉산드리아의 테오필루스라고 불리는 이 사람은 알렉산드리아의 대주교이자 콥트교의 성자다. 크레이터 목록에는 천문학자라고 되어 있지만, 그의 이력에서 천문학을 연구했다는 기록은 찾기 어렵다. 데오필루스 크레이터와 줄지어 있는 키릴루스나 카타리나 역시 특별히 천문학에 기여한 바가 있어서라기보다는 기독교 성자로서 이름이 올려진 것으로 보인다.

안타깝게도 오늘날의 관점에서 보았을 때 테오필루스의 행적은 그리 기릴 만한 것이 못 된다. 그는 기독교 이외의 종교에 대해 격렬히 반대했으며, 이교도의 신전을 파괴하는 데 앞장섰다. 특히 몇 차례의 재난으로 인해 자리를 옮겨 재건된 알렉산드리아 도서관이 있던 세라피스(이집트의 신) 사원

테오필루스

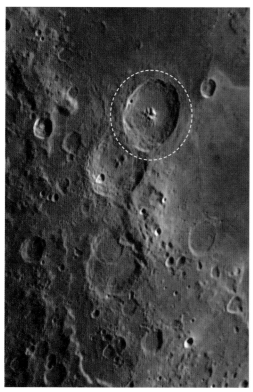

테오필루스 크레이터. 아래로 이어진 두 크레이터가 키릴루스와 카타리나이다.

월령 18일 무렵의 테오필루스와 키릴루스

을 완전히 파괴하고, 그 신전들에 사용된 돌로 새로운 기독교 교회당을 지었다고 한다. 이교도들에 대한 살해도 서슴지 않았다고 한다. 그의 이러한 성향은 그의 조카인 키릴루스로 이어지고 결국 히파티아의 비극으로 결말이 지어졌다.

테오필루스, 키릴루스, 카타리나는 5~7일 무렵 달에서 가장 인상적인 크레이터 체인이다. 특히 여러 갈래로 갈라진 중앙산을 가진 테오필루스는 달 전체에서도 손꼽힐 만큼 멋진 크레이터다. 31~11억 년 전 사이인 에라스토테니안기에 생성된 것으로 보이는 이 크레이터는 직경 100km 내외의 전형적인 대형 크레이터의 특징을 지니고 있다. 화려한 레이 시스템은 없지만 계단처럼 층이 지어 내려오는 크레이터 내부 사면이나 외륜 바깥쪽 충돌 분출물이 쌓인 언덕들이 인상적이다.

그러나 뭐니 뭐니 해도 가장 눈길을 끄는 것은 네 개의 봉우리로 이루어진 중앙산이다. 작은 망원경으로 보더라도 확실히 중심산이 날카롭게 갈라져 있는 것을 알 수 있다. 보통은 세 가닥으로 갈라져 있는 것처럼 보

월령 18일 무렵의 테오필루스 주변

이지만, 자세히 보면 열십자에 가깝게 네 가닥으로 갈라져 있다. 태양이 떠오를 무렵에 테오필루스를 보면 중앙산을 가르는 선명한 균열과 거대한 산덩이가 크레이터 바닥에 그리는 그림자를 볼 수 있다. 테오필루스 북서쪽 사면에 콕 박힌 작은 크레이터도 인상적이다.

테오필루스 크레이터 체인의 두 번째인 키릴루스는 생성된 시기가 테오필루스보다는 오래되었지만 카타리나보다는 젊은 것으로 보인다. 일단 테오필루스가 북동쪽 가장자리를 푹 파먹은 모습은 이미 존재하고 있던 키릴루스 위에 테오필루스를 형성한 운석이 떨어졌음을 보여준다. 이때의 여파였는지는 모르겠지만 세 개의 중심산 봉우리 윤곽은 부드럽게 되어 있다. 충돌의 현장에서 멀리 떨어진 남서쪽 사면은 테오필루스와 마찬가지로 계단형 지형이 살짝 눈에 띄며, 특히 사면 위에 찍혀 있는 눈물 방울 모양의 크레이터가 눈길을 끈다. 크레이터의 남쪽 벽은 터져 있으며, 넓고 얕은 골짜기 같은 지형

월령 18일 무렵의 카타리나 크레이터

이 남쪽으로 이어져 카타리나와 연결되어 있는 것처럼 보인다.

　카타리나는 테오필루스 크레이터 체인 가운데 가장 아래쪽에 위치하는데, 그냥 보기에도 다른 두 개의 크레이터에 비해 훨씬 오래돼 보인다. 우선 눈길을 끄는 것은 카타리나 안에 겹쳐 있는 커다란 크레이터다. 직경이 카타리나의 절반 가까이 되는 이 크레이터는 북쪽 외륜을 카타리나와 공유하고 있다. 바로 그 동쪽에도 두 개의 작고 깊은 크레이터가 눈사람처럼 찍혀 있다. 카타리나 바닥 남쪽에도 역시 작은 크레이터가 찍혀 있어서 카타리나가 생성된 후 여러 차례 운석이 충돌했음을 보여준다.

　이렇게 오랜 세월 운석의 폭격을 받다 보니 중앙산의 흔적은 찾아볼 수 없고, 안쪽 사면 역시 계단형 지형이 모두 사라졌다. 외륜의 정북쪽은 다른 지역보다 좀 낮아 보이는데, 잘 살펴보면 바로 위 키릴루스 쪽으로 폭이 넓은 골짜기 같은 지형이 이어져 있어 마치 두 크레이터가 연결된 것처럼 보인다.

나뭇잎을 닮은 크레이터
히파티아

히파티아 Hypatia	히파티아 Hypatia
370년경~415년경	4.3°S 22.6°E
알렉산드리아의 철학자	38.8km

거의 유일하다고 할 수 있는 고대의 여성 철학자이자 최초의 여성 수학자이다. 라파엘로의 아테네 학당에 등장하는 유일한 여성이기도 하다. 히파티아는 알렉산드리아의 수학자이자 천문학자였던 데온의 딸로, 프톨레마이오스의 〈알마게스트〉, 유클리드의 〈원론〉 같은 책들의 주석서를 집필했으며, 뛰어난 강의 실력으로 이름을 날렸다.

히파티아

히파티아가 살았던 시기는 로마제국이 기독교를 국교로 채택한 무렵이었는데, 이 시대 알렉산드리아는 과격한 지역 대주교인 키릴루스가 집정관인 오레스테스와 큰 갈등을 빚고 있었다. 히파티아는 오레스테스와 가까운 사이였는데, 사회적으로 높은 신망을 받는데다가 종교에 구애받지 않는 자유로운 학문 활동으로 큰 영

히파티아 크레이터

향력을 행사했기 때문에 자연스럽게 기독교도들의 공적이 되었고, 결국 광신자들에게 끔찍하게 살해당한다.

　명령권자가 누구인지 밝혀지지는 않았지만, 많은 역사가들은 키릴루스가 직간접적인 배후라고 추측한다. 이 사건 이후 당대 지식인들은 자신들의 학문적 연구가 위험할 수 있다는 것을 깨달았다. 이후 번성했던 그리스 로마의 학문적 전통은 급격히 쇠퇴하고 중세의 암흑기가 시작되었다.

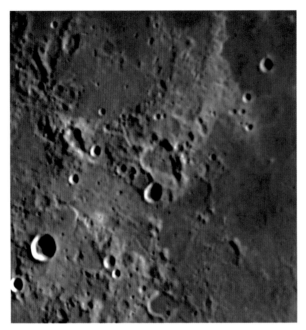

월령 7일 무렵의 히파티아

이렇게 많은 사연을 안고 있는 히파티아의 크레이터는 아쉽게도 작고 모양도 특이해서 크레이터처럼 보이지 않는다. 히파티아 크레이터는 생전 자신과 악연이었던 테오필루스 크레이터에서 거의 정북으로 약간 떨어진 곳에 있다. 대체로 드람브레 크레이터와 테오필루스 크레이터 사이에 위치한다.

다른 크레이터와 달리 모양이 삼각형에 가까워서 나뭇잎처럼 보인다. 내부에는 중앙산이나 계단처럼 층이 진 것 같은 크레이터의 전형적인 보습은 선혀 찾아볼 수 없어 찾기가 좀처럼 쉽지 않다. 게다가 북서쪽에 좀 더 작고 선명하며 모양도 비슷한 지형이 있어서 헷갈리기가 쉽다. 히파티아 남쪽 벽 가장자리에 사발처럼 생긴 크레이터가 하나 눈에 띄는데, 이 히파티아 A라는 위성 크레이터를 지침으로 삼으면 좀 더 찾기 수월하다.

감로주의 바다의 주인
로스

윌리엄 파슨스 로스 William Parsons Rosse	로스 Rosse
1800~1867	17.9°S 35.0°E
영국의 천문학자	11.4km

윌리엄 파슨스 로스 경

3대 로스 백작, 윌리엄 파슨스 로스는 영국의 천문학자이자 왕립학회장을 역임했던 사람이다. 그는 구경이 무려 72인치(1.83m)에 이르는 괴물 같은 망원경을 만들었는데, 이 망원경은 그 모습에 걸맞게 레비아탄(구약성경에 등장하는 거대한 괴물)이라는 이름에 가지고 있었다. 우리나라 국립 보현산 천문대 망원경의 구경이 1.8m라는 점을 생각해보면 이 망원경이 처음 만들어졌을 때의 충격을 짐작할 만하다.

이 망원경의 초점거리는 16m였으며, 무게는 무려 12톤에 달했다. 높이 12m, 길이 23m의 성벽 같은 담벼락 두 개 사이에 나무로 만들어진 거치대를 놓고 상하좌우로 약간씩 움직이면서 관측을 해야만 했다. 전해지는 바에 따르면 광학적 정밀도가 그다

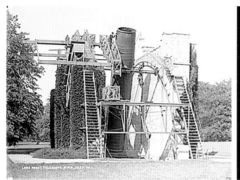

로스 경의 망원경 '레비아탄'(왼쪽)과 M51 스케치

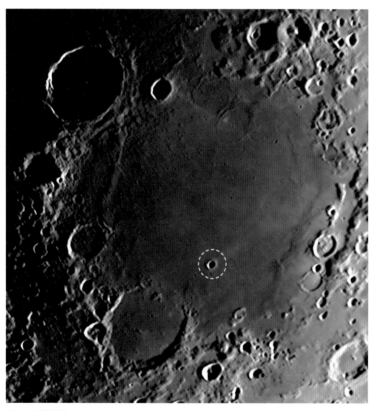

로스 크레이터

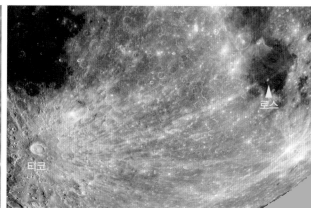

월령 7일 무렵의 로스 크레이터　　　　티코에서 로스까지 이어지는 레이

지 높지는 않았다고 하지만, 압도적인 집광력을 통해 그때까지 희미한 빛조각으로만 보이던 성운들의 세부 모습을 관찰할 수 있었다.

이 망원경으로 로스 백작은 오늘날 부자은하로 알려진 M51의 나선구조를 처음으로 확인했다. 그의 M51 스케치는 사진과는 차이가 있어 보이지만, 실제 망원경으로 M51을 보면 시각적으로 굉장히 비슷한 느낌을 받게 된다. 그의 여러 메시에 대상 스케치들은 오늘날 안시 관측자들에게도 좋은 참고자료로 활용되고 있다.

로스 크레이터는 감로주의 바다 남쪽에 위치한다. 직경 11km로 작은 편이지만, 넓은 현무암 대지 위에 홀로 위치해 눈에 잘 띄는 편이다. 그러나 내부의 별다른 특징을 찾아보기 힘든 전형적인 사발형 크레이터다. 주변에 특별한 지형은 눈에 띄지 않으며, 자체 레이도 가지고 있지 않다. 그러나 티코가 생성될 때 만들어진 레이가 로스 위를 지나 북동쪽 방향으로 이어져 있어서 태양의 고도가 높을 때 보면 혜성같이 보인다. 남서쪽으로 작은 위성 크레이터인 로스 C가 있다.

알타이 절벽의 끝
피콜로미니

알레산드로 피콜로미니 Alessandro Piccolomini	피콜로미니 Piccolomini
1508~1578	29.7˚S 32.2˚E
이탈리아의 천문학자	87.6km

이탈리아의 천문학자 피콜로미니는 최초로 인쇄된 성도를 빌행한 인물로 알려져 있다. 그의 성도에는 프톨레마이오스의 47개 별자리가 담겼으며, 〈알마게스트〉에 나오는 항성표에 따라 4등급까지의 별들

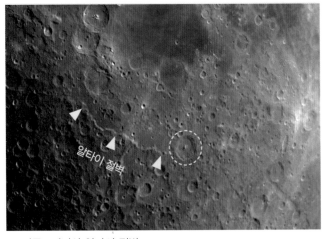

피콜로미니와 알타이 절벽

이 표시되었다고 한다. 특히 그는 별의 이름을 로마자 알파벳으로 표시했는데, 이런 방식으로 별의 이름을 붙이는 바이어식 명명법의 선구자라고 할 수 있겠다.

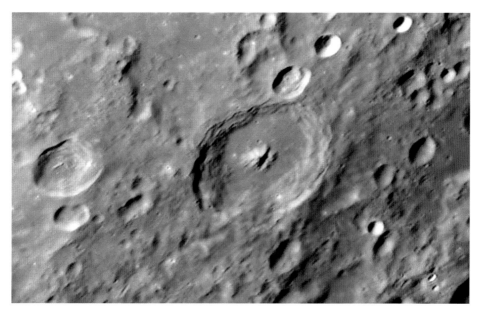

중심산의 균열이 선명한 피콜로미니 크레이터

피콜로미니 크레이터는 달의 남동쪽, 감로주의 바다 남쪽에 위치한다. 직경이 90km 가까이 되는 큰 크레이터로, 아주 동그랗고 층이 진 크레이터 내벽을 볼 수 있으며, 두 조각으로 갈라진 중심산의 모습이 특징적이다. 중심산의 남서 사면으로 여러 개의 골이 져 있어서 산의 모습이 매우 입체적으로 느껴지는데, 중심산이 인상적인 테오필루스에 필적할 만하다.

피콜로미니 서쪽에서 시작해 카타리나의 서쪽까지, 북서쪽 방향으로 큰 호를 이루며 이어지는 알타이 절벽은 달에서 빼놓을 수 없는 인상적인 지형이다. 달의 바다들은 본질적으로 거대한 크레이터들이다. 감로주의 바다도 마찬가지인데, 무려 39억 년 전 충돌로 만들어진 거대한 크레이터에 용암이 채워진 것이 바로 감로주의 바다다. 이렇게 아주 큰 운석의 충돌로 인해 만들어진 크레이터들은 대개 여러 개의 고리

감로수의 바다(노란색 원)와 알타이 절벽

를 그리는 다중고리상 크레이터를 만든다. 감로주의 바다가 만들어질 때 형성된 다중고리들은 39억 년이라는 긴 세월 동안 운석의 충돌과 용암 분출로 대부분 지워졌지만, 카타리나에서 피콜로미니로 이어지는 부분은 오늘날까지 남아 그때의 충격을 생생히 전해준다.

월령을 잘 맞춰보면 피콜로미니의 동쪽으로도 둥근 호 모양의 지형이 길게 이어져 있음을 알 수 있다. 또한 감로주의 바다 외곽과 알타이 절벽 사이에도 역시 희미하게나마 다중고리의 흔적을 찾아볼 수 있다.

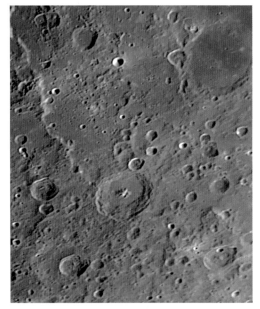

알타이 절벽 끝의 피콜로미니

쌍라이트 크레이터
스테비누스

시몬 스테빈 Simon Stevin	스테비누스 Stevinus
1548~1620	32.5°S 54.2°E
네덜란드의 물리학자	71.5km

스테비누스는 플랑드르 출신의 수학자, 물리학자이자 군사기술학자이다. 다재다능한 천재였던 모양인데, 특히 네덜란드에서는 많은 과학용어들을 네덜란드어로

시몬 스테빈

시몬 스테빈이 만든 풍력자동차

바꾼 공로를 인정받고 있다. 중학교 물리에 나오는 힘의 평행사변형 법칙을 발견했으며, 특이하게도 바람으로 가는 풍력자동차를 만든 이력도 있다.

스테비누스 크레이터는 달의 동남쪽 가장자리에 있다. 음력 5일 이전의 초승달 때나 보름이 막 지난 후가 스테비누스의 제모습을 보기 좋은 시기인데, 이 지역은 크레

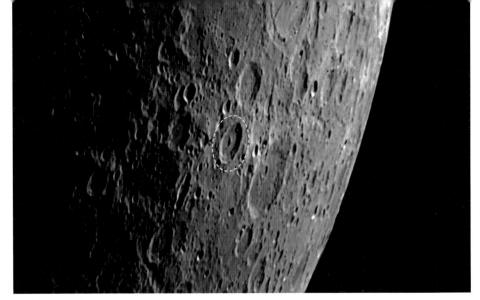

스테비누스 크레이터

이터들이 워낙 많은 곳인데다가, 스테비누스 자체는 그렇게 큰 특징이 없어서 지나치기 쉽다. 직경이 74km로 꽤 큰 편이고, 내벽이 2단으로 꺾여 있으며, 중앙산이 약간 길쭉하고 찌그러진 것이 알자첼의 중앙산과 약간 비슷한 느낌이다. 그러나 달이 좀더 커지면 이야기가 달라진다.

스테비누스의 양 옆에 마치 헤드라이트를 켠 것처럼 눈부신 레이가 모습을 드리낸다. 이들 레이는 실제로 스테비누스의 레이가 아니라 주변의 작은 크레이터인 스테비누스 A와 퍼네리우스 A에서 뻗어나온 레이다. 이 두 크레이터는 각각 직경이 8km와 11km 정도의 작은 크레이터지만 엄청나게 밝은 레이 시스템을 가지고 있어서 달이 커지면 두 크레이터에서 뿜어낸 레이가 주변의 지형을 다 지워버릴 정도다.

스테비누스의 서쪽에 있는 크레이터가 스테비누스 A이고 동쪽에 조금 더 멀리 떨어진 곳에 있는 크레이터가 퍼네리우스 A이다. 이 두 크레이터 덕분에 스테비누스는 6일 이후 보름이 지날 무렵까지 달에서 눈에 가장 잘 띄는 지형 중 하나가 된다.

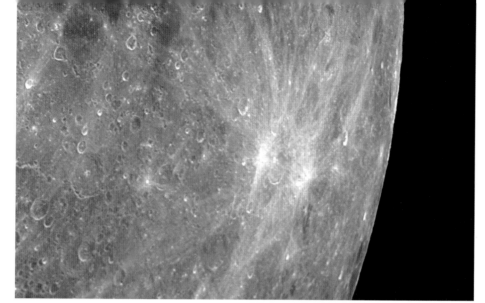

월령 10일 무렵의 스테비누스와 눈부신 레이

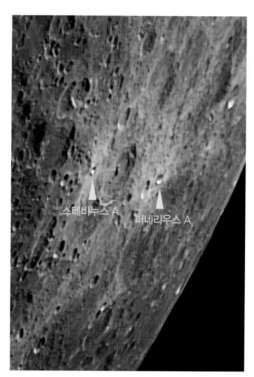

스테비누스 A와 퍼네리우스 A

월령 8~9일

이제 상현이다. 이 시기 달의 북쪽부터 남쪽까지 일자로 이어지는 터미네이터 주변에 무수히 많은 크레이터들이 등장한다.

1. 탈레스 2. 플라톤 3. 아리스토텔레스 4. 카시니 5. 뷔르그 6. 아르키메데스
7. 히기누스 8. 트리에스네커 9. 블래그 10. 히파르코스 11. 프톨레마이오스 12. 알폰수스
13. 알자첼 14. 허셜 15. 알페트라기우스 16. 라카유 17. 델랑드르 18. 마우로리쿠스

북동쪽의 빛

탈레스

밀레토스의 탈레스 Thales of Miletus	탈레스 Thales
B.C. 626년경~536년경	61.8°N 50.3°E
그리스의 철학자, 천문학자	30.8km

탈레스는 만물의 근원이 물이라고 주장한 고대의 철학자이다. 밀레토스 학파의 주창자로서 최초의 철학자라는 호칭을 듣고 있으며, 아리스토텔레스도 철학의 아버지로 칭한 선각자다.

당시의 천재들이 그러했듯 탈레스는 수학과 천문학, 우주론 등등 다방면에서 많은 업적을 남겼다고 전해지는데, 그가 남긴 일화들은 그가 실제 어떤 사람이었는지 짐작하게 해준다.

밤하늘의 별을 보며 걷다가 우물에 빠져 하인으로부터 "코앞의 일도 모르면서 하늘의 이치를 찾느냐"고 조롱을 당했다는 일화로 볼 때 그가 천문학자였음은 분명하다.

밀레토스의 탈레스

탈레스 크레이터

또 기상을 관측하여 올리브의 풍작을 예상하고는 기름 짜는 기세를 매점해서 큰 수익을 올렸다는 일화나, '보증 옆에는 재앙이 있다'는 그의 잠언으로 보아 뭇사람들로부터 조롱을 당할 만한 백면서생이 아니라 이재에 밝고 처세에도 능했던 사람이 아니었을까 하는 생각이 든다.

그의 이름이 붙여진 크레이터는 달의 북동쪽 가장자리에 있다. 직경 30km 정도로 크다고는 할 수 없지만, 밝은 레이 시스템을 가지고 있어 눈에 잘 띈다. 남쪽과 서쪽 방향으로 두 가닥의 긴 꼬리처럼 레이가 뻗어나가 있으며, 반대쪽인 북동쪽으로도 레이가 밝게 형성되어 있는 것이 특징적이다. 보름 무렵, 주변의 크레이터들이 모두 햇

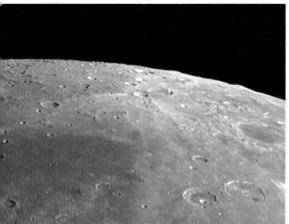
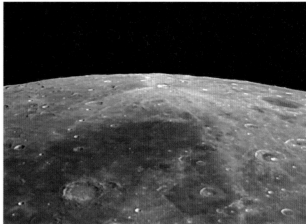

월령 9일 무렵의 탈레스

월령 10일 무렵의 탈레스

빛에 가려진 다음에도 오히려 더 잘 보여서 4일 이후부터 보름이 지날 때까지 언제나 쉽게 찾을 수 있는 크레이터다.

프로클루스나 메시에와 마찬가지로 탈레스의 레이 시스템 역시 비스듬한 충돌로 인해 만들어진 것으로 생각된다. 다만 위치가 칭동대역 가까이에 있어서 동그란 크레이터임에도 불구하고 납작하게 보이며, 내부 모습은 좀처럼 확인하기 어렵다.

검고 고요한 호수

플라톤

플라톤 Plato	플라톤 Plato
B.C. 428년경~347년경	51.6°N 9.4°W
그리스의 철학자	100.7km

플라톤

플라톤은 소크라테스와 함께 서양 철학에 가장 큰 영향을 미친 사람 중 하나로, 어쩌면 주류 서양철학 그 자체라고 할 수도 있겠다. 그는 천문학자나 수학자는 아니었지만, 그의 우주론은 아주 오랫동안 우주에 대한 인간의 생각을 지배했다.

그가 우주론에 미친 가장 큰 영향은 도형과 입체를 통해서였다. 원운동이 가장 완벽하다는 주장과 정다면체가 5개뿐이라는 사실은 우주의 운동과 형상이 이들과 연결되어 있다는 결론으로 귀결되었다. 프톨레마이오스가 〈알마게스트〉에서 천문학자의 사명을 우주의 모든 현상이 원운동으로 이루어져 있음을 설명하는 것이라고 한 것도, 케플러가 정다면체를 겹겹이 쌓아올린 멋지지만 바보 같은 우주 모형에 집착하게 된 것도 모두 플라톤으로부터 비롯된 것이었다.

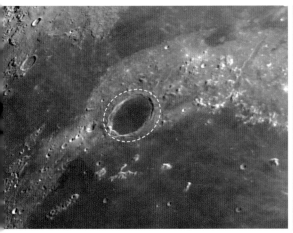
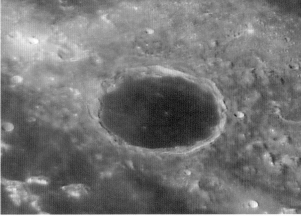

플라톤 크레이터   월령 18일 무렵의 플라톤

　플라톤이라는 이름은 그리스어로 '넓다' 또는 '평평하다'라는 뜻이다. 그의 이름이
붙여진 크레이터는 이름의 뜻에 꼭 들어맞는 모습을 하고 있다. 비의 바다 북쪽 가장
자리, 산지가 약간 모여 있는 지역에 위치한 플라톤의 모습은 직경이 100km가 넘는
둥근 분지를 용암이 말끔히 채워 마치 잔잔하고 큰 호수 같아 보인다.

　플라톤의 외벽은 대체로 경사가 급하게 보여서 마치 땅이 동그랗게 그대로 가라앉
은 것 같다. 표면은 아주 매끄러워 보이지만, 자세히 살펴보면 3~4개의 작은 크레이
터들이 드문드문 하얗게 보인다. 플라톤의 서쪽 가장자리 쪽은 크게 무너져내린 흔적
이 보여서 전체적으로는 반지를 연상케 하기도 한다.

　플라톤이 가장 멋지게 보일 때는 월령 9일 무렵이다. 이 시기에 플라톤 평원에 아침
이 밝아오는데, 동쪽 외륜을 이루는 능선의 윤곽이 어두운 바닥보다 더 어두운 새카
만 그림자로 드리워진다. 평평해 보이는 능선의 높이 차이들이 더욱 과장되게 보이면
서 험준한 달 표면의 모습이 그대로 느껴진다. 만약 내가 지금 플라톤 평원 위에 서서
동쪽 하늘을 바라본다면 어떤 모습이 펼쳐지고 있을지가 그대로 머릿속에 그려진다.

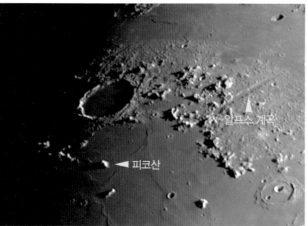

월령 9일 무렵의 플라톤　　　　　　　　　보름 무렵의 플라톤

　　플라톤 주변에도 볼거리가 많이 있다. 시상이 안정적인 밤이라면 우선 플라톤의 동쪽 방향으로 약간 떨어진 곳에서 시작되는 플라톤 열곡(Rimae Plato)이 가늘고 길게 이어진 모습을 볼 수 있다. 남동쪽 아래로 멀찌감치 떨어진 곳에서 비의 바다의 북동쪽 경계를 이루는 산지에는 알프스 산맥이라는 이름이 붙어 있다. 알프스 산맥 위쪽에, 마치 조각도로 쓱 그은 것처럼 길게 이어진 골싸기에는 알프스 계곡이라는 이름이 붙어 있다. 아주 시상이 좋은 밤이라면 그 알프스 계곡 가운데를 달리는 가느다란 열곡도 볼 수 있을 것이다.

　　플라톤의 남쪽, 비의 바다와 이어진 부분에 바다에서 솟아난 섬 같은 산들이 몇 개 보인다. 그중 남서쪽 가까이에 있는 테네리페산은 십장생도의 학을 닮은 모양을 하고 있어 눈에 띈다. 정남쪽으로 좀 떨어진 곳에 있는 인상적인 산은 피코산인데, 백두산보다 낮은 2,400m 정도의 높이지만 평평한 비의 바다 복판에 홀로 솟은 까닭에 놀라운 존재감을 보여준다. 역시 9일 무렵에 보면 어두운 비의 바다 표면에 새카만 그림자를 길게 드리운 피코산을 어렵지 않게 찾아볼 수 있다.

만학의 아버지를 위한 크레이터

아리스토텔레스

아리스토텔레스 Aristoteles	아리스토텔레스 Aristoteles
B.C. 383~322	50.2°N 17.4°E
그리스의 철학자	87.6km

아리스토텔레스는 더 이상의 설명이 필요 없는 고대 서양 학문의 황제다. 기원전 4세기의 인물임에도 불구하고 오늘날까지 그 학문적 영향력이 크다.

데카르트 이전까지 스승인 플라톤과 함께 서양철학의 지배자였지만, 이상주의자였던 스승과는 달리 경험론적 현실주의자였던 그의 사유는 철학자의 시선을 지상으로 옮겨왔다. 우주가 지구를 중심으로 천체들이 붙박힌 수정구가 겹겹이 둘러싸여진 모양이라는 천동설적 세계관을 만든 이 가운데 한 명이며, 동물학에서는 19세기까지도 영향력이 있었다.

아리스토텔레스

만학의 아버지라는 수사를 들을 정도로 그의 학문적 영향력이 장수하는 이유는 아마도 사유에 관찰을 더한 그의 연구들이 인간의 감각에 매우 부합하는 것들이었기 때

아리스토텔레스 크레이터

문인지도 모르겠다. 동쪽에서 떠서 서쪽으로 지는 해, 달, 별, 사람과 짐승의 붉은 피와 벌레들의 투명한 피, 무거운 것과 가벼운 것들의 움직임, 어디서나 볼 수 있는 물, 불, 흙, 공기 등등 그의 관찰과 결론, 이론은 인간의 감각적 경험들과 잘 맞아떨어졌고, 점차 의심의 여지가 없는 권위로 굳어갔다.

그러나 아쉽게도 우주의 현상들은 인간의 감각 범위로 모두 이해할 수 없는 것들이었고, 우리가 이해하지 못하는 이상한 일들은, 사실 다만 우리의 감각으로 확인할 수 없는 영역에서 일어나는 평범한 일들이었다. 지금 우리가 천동설의 주전원 개념을 비웃듯, 먼 훗날 우리 후손들은 '암흑물질', '암흑에너지' 같은 개념들을 비웃게 될지도 모르겠다.

그의 이름이 붙여진 아리스토텔레스 크레이터는 달의 북동쪽 지역에 위치하는데, 플라톤에서 동쪽으로 쭉 이동하면 바로 보이는 커다란 크레이터다. 남쪽에 에우독소스 크레이터와 함께 쌍을 이루어 상현 전후 또는 하현 전후에 눈에 잘 띄는 잘생긴 크레이터다. 아리스토텔레스에는 두드러지는 중앙산이 없는 대신 크레이터 정중앙에

월령 8일 무렵의 아리스토텔레스

서 약간 남쪽에 두 개의 작은 봉우리가 솟아 있다. 계단처럼 층이 진 내벽과 그 바깥쪽에 충돌의 잔해가 쌓인 것 같은 지형이 방사상으로 뻗어나간 것이 인상적이다. 잘 보존된 모습에 비해 레이 시스템은 보이지 않는데, 아마도 생성된 지 오래된 것으로 보인다.

외륜 동쪽 가장자리를 살펴보면 아리스토텔레스에 의해 가장자리가 살짝 잡아먹힌 크레이터가 눈에 띈다. 이 크레이터에는 미첼이라는 이름이 붙어 있는데, 19세기 미국의 여성 천문학자인 마리아 미첼의 이름을 딴 것이다. 마리아 미첼은 프로 천문학자로서 천문학 교수로 일했던 최초의 여성으로, 1847년 혜성을 발견한 것으로 유명하다. 이 혜성은 당시 '미스 미첼의 혜성'으로 널리 알려졌다.

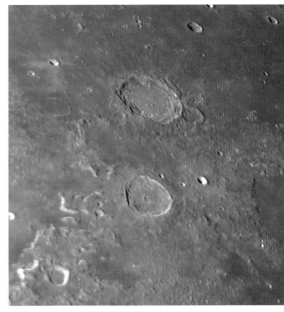

아리스토텔레스(위)와 에우독소스(아래)

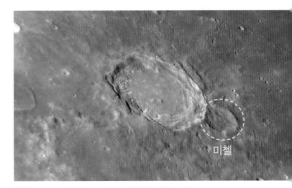

월령 18일 무렵의 아리스토텔레스와 미첼

먼지요정 크레이터
카시니

조반니 도메니코 카시니 (카시니 1세) Giovanni Domenico Cassini 자크 카시니 (카시니 2세) Jacques Cassini	카시니 Cassini
1625~1712 / 1677~1756	40.2˚N 4.6˚E
이탈리아 출신 프랑스 천문학자 (부자)	56.4km

이 크레이터는 두 사람의 이름을 따왔다. 토성 고리의 '카시니 간극'으로 유명한 조반니 도메니코 카시니(카시니 1세)와 그의 아들인 자크 카시니가 바로 그 주인공이다.

우리가 카시니라는 이름과 함께 떠올리는 거의 모든 업적은 카시

카시니 1세와 카시니 2세

니 1세의 업적이다. 그는 이탈리아에서 태어나 리치올리, 그리말디 같은 당대의 유명한 천문학자 밑에서 성장했다. 이후 프랑스로 건너간 그는 파리 천문대장을 맡게 되었고, 우리가 알고 있는 그의 대표적인 업적은 거의 모두 프랑스에서 이루어지게 된다. 그는 로버트 후크와 함께 목성의 대적반을 최초로 관측한 사람으로 알려져 있으

며, 목성의 차등자전도 최초로 발견했다. 또한 시차를 이용해 지구에서부터 화성까지의 거리를 측정해 최초로 태양계의 크기를 측정할 수 있도록 했다.

그러나 그의 업적 중 단연 눈에 띄는 것은 토성의 관측이다. 그는 토성의 위성 네 개를 발견했고, 특히 이아페투스의 불규칙한 밝기 변화가 표면의 어두운 무늬 때문이라는 것도 정확히 추측해냈다. 토성의 고리에 틈이 있다는 것을 처음 발견해서 이 틈을 카시니 간극이라고 부른다. 그와 함께 크레이터에 이름을 올린 아들 자크 카시니와 손자인 세자르 프랑수아 카시니, 증손자인 장 도미니크 카시니 모두 파리 천문대장을 역임했다고 하니 명실상부한 천문인 가족이라고 하겠다.

카시니 크레이터는 매우 독특한 모습을 하고 있다. 크레이터 바닥이 용암으로 차 있는데, 그 안에 두 개의 크레이터가 큼직하게 동서로 자리 잡고 있다. 동쪽의 크레이터가 더 크고 서쪽의 것은 크레이터 외벽에 가까이 붙어 있다. 큰 놈은 약간 찌그러진 모양으로, 하현 때 보면 내부에 꽤 큰 언덕이 있는 것이 보인다. 또 남쪽으로는 산과 골

카시니 크레이터

카시니 크레이터를 확대한 모습

짜기가 복잡하게 얽혀 있다. 카시니의 외벽은 한 겹의 얇은 성벽처럼 크레이터를 뺑
돌아서 서 있는데, 북쪽과 동쪽이 약간 무너져 있는 것도 보인다. 그 바깥쪽으로 훨씬
낮지만 폭이 넓고 완만하고 울퉁불퉁한 지형이 후광처럼 둘러쳐져 있다. 전체적인 모
습이 어느 애니메이션 영화에 나오는 먼지요정을 떠오르게 한다.

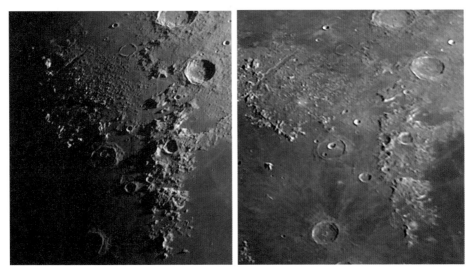

월령 8일 무렵의 카시니　　　　　　　　월령 10일 무렵의 카시니

죽음의 호수 한복판에서

뷔르그

요한 토비아스 뷔르그 Johann Tobias Bürg	뷔르그 Bürg
1766~1834	45.0°N 28.2°E
오스트리아의 천문학자	40.7km

뷔르그는 트리에스네커의 뒤를 이어 비엔나 천문대장을 역임했던 오스트리아의 천문학자. 달의 궤도를 연구하기 위해 3,000여 차례에 걸친 관측을 시행했는데, 그 관측 기록의 정밀함이 매우 뛰어났다고 한다. 이 연구를 통해 그는 프랑스 과학학회 회원이 되었으며, 러시아, 프러시아, 미국 등에도 이름이 알려졌다고 한다.

요한 토비아스 뷔르그

아리스토텔레스와 에우독소스, 그리고 아틀라스와 헤라클레스, 이렇게 쌍을 이루는 네 개의 크레이터 사이에는 죽음의 호수(Lacus Mortis)라는 무시무시한 이름을 가진 곳이 존재한다. 달에는 물이 없기 때문에 바다와 호수라 불리는 곳은 낮은 지역에 용암이 들어차 군어 어둡게 된 지형이다. 죽음의

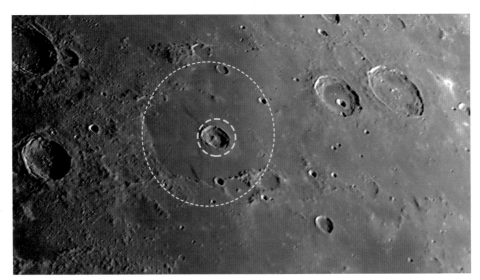

죽음의 호수와 뷔르그 크레이터

호수 역시 직경이 160km쯤 되는 커다란 크레이터에 용암이 차올라 굳은 지형이다. 뷔르그 크레이터는 이 죽음의 호수 가운데에 홀로 위치해 있다. 정확히 말하자면 호수 정중앙에서 약간 동쪽이다.

뷔르그 크레이터는 자체는 직경 40km 정도 되는 비교적 평범한 크레이터다. 외륜은 전체적으로 둥글지만 약간 모가 난 부분이 있으며, 바닥에는 크게 둘로 갈라진 중앙산이 위치해 있다. 내벽에 계단처럼 무너진 지형과 외륜 바깥쪽에 쌓인 분출물의 흔적이 눈에 보인다.

이 크레이터가 위치한 죽음의 호수는 희한하게도 육각형에 가까운 모습이다. 특히 에우독소스 크레이터 쪽의 서쪽 경계를 이루는 라인들은 마치 자를 대고 그은 것 같은 직선을 이루고 있다. 죽음의 호수 경계의 남서쪽 가장자리에서 뷔르그 쪽으로 작은 계곡이 직선으로 이어진 것이 보인다. 이 계곡은 뷔르그 열구라는 골짜기다. 동쪽

월령 14일 무렵의 뷔르그

은 서쪽보다는 많이 침식되어 경계
가 흐릿하지만 역시 윤곽을 알아볼
수 있다.

　전체적으로 죽음의 호수와 뷔르
그 크레이터는 주변의 크레이터들
과 함께 달의 북동쪽에서 아주 인상
적인 크레이터 군을 형성한다.

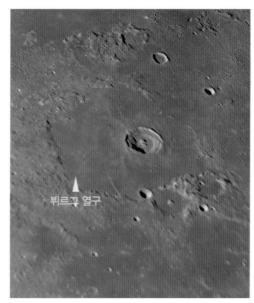

뷔르그 열구

월령 18일 무렵의 뷔르그

비의 바다 가장자리에 좌초한 난파선

아르키메데스

시라쿠사의 아르키메데스 Archimedes of Syracuse	아르키메데스 Archimedes
B.C. 287년경~212년경	29.7°N 4.0°W
그리스의 물리학자	81km

아르키메데스는 '유레카'라는 만세불망의 유행어를 남긴 고대의 천재다. 목욕을 하다가 순금 금관과 은을 섞은 금관을 구분해내는 방법을 생각해내고 기쁜 나머지 알몸으로 거리를 뛰어다녔다느니, 태양빛을 모아 적의 전함을 불태웠다느니 하는, 진실과 상상이 뒤섞인 무용담들이 너무나 많이 전해져서 그의 이름이 달 한가운데 커다란 분화구를 차지하고 있다 하더라도 이상할 것은 없어 보인다. 하지만 의외로 천문학과 관련된 뚜렷한 업적은 전해지는 바가 없다. 천체의 움직임을 보여주는 정교한 오러리(태양계의)를 만들었다는 정도가 전부다.

아르키메데스

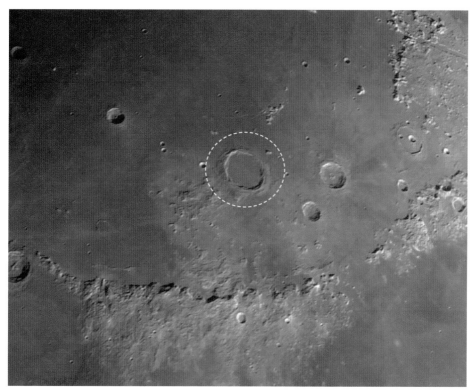

아르키메데스 크레이터

그의 이름이 붙여진 아르키메데스 크레이터는 비의 바다 동쪽 가장자리, 아펜니노 산맥 서쪽 가까이에 붙어 있다. 직경이 80km가 넘는 큰 크레이터지만 내부에 몇 개의 작은 크레이터를 제외하면 바닥에 중앙산이나 계곡, 충돌의 흔적 같은 것도 없이 매끈하고 평평한 평야를 이루고 있다. 비교적 원형을 잘 보존하고 있는 크레이터 외벽과는 대조를 이루는 모습이다.

과학자들의 연구에 따르면, 달은 38억 5천만 년부터 대략 5천만 년 동안 어마어마한 대충돌을 여러 차례 겪었는데, 우리가 바다라고 부르는 지형은 대개 이 시기에 생성되었다고 한다. 그리고 38억 년전부터 거의 6억 년간 지하에서 용암이 분출되어 새

아르키메데스 산맥

월령 9일 무렵의 아르키메데스

월령 21일 무렵의 아르키메데스

월령 20일 무렵의 아르키메데스

롭게 생긴 거대한 크레이터를 채우고 그대로 굳어서 지금의 어두운 색을 띤 현무암의
평야가 되었다고 한다. 비의 바다는 이 시기에 생성된 대표적 지형이고, 아르키메데
스도 이 비슷한 시기에 생성되어 대규모 용암 분출을 함께 겪으면서 지금과 같이 물
에 반쯤 잠긴 배 같은 모습이 된 것으로 보인다.

　아르키메데스의 바닥은 평평하지만, 외벽은 오래된 크레이터치고는 매우 생생해서
계단처럼 층이 진 안쪽 경사면의 모습도 인상적이고, 특히 터미네이터에 걸려 있을
때 햇살에 드리워지는 외벽의 그림자가 넓은 바닥에 그리는 실루엣을 살펴보는 것도
재미있다. 평평한 비의 바다에 있지만 크레이터 남서쪽에는 제법 복잡한 지형들이 보
이는데, 이 지역은 아르키메데스 산맥(Montes Archimedes)이라고 부른다.

3시 55분
히기누스

가이우스 줄리우스 히기누스 Gaius Julius Hyginus	히기누스 Hyginus
? ~100년경	7.8°N 6.3°E
스페인의 문학가	8.7km

가이우스 줄리우스 히기누스는 스페인에서 살았던 것으로 전해지는 작가이다. 그가 쓴 〈시적 천문학(Poeticon Astronomicon)〉이라는 책에 별자리와 관련된 많은 신화들이 전해지고 있는데, 우리가 알고 있는 별자리 신화의 중요한 근거가 되는 책이다. 어떤 자료에서는 그를 천문학자라고도 소개하고 있지만, 당시 천문학자들의 공통적인 영역이었던 수학 분야에 대한 업적은 알려진 것이 없는 듯하다.

그래서 그런지 히기누스의 이름은 중앙만 북동쪽 구석에 있는 지름 9km 정도의 작은 크레

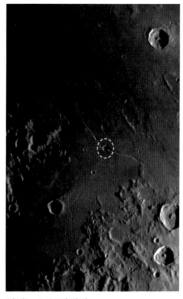

히기누스 크레이터

월령 9일 무렵의 히기누스

월령 13일 무렵의 히기누스

이터에 붙어 있다. 그러나 히기누스 크레이터가 위치한 자리는 달의 앞면에서 가장 흥미로운 지역 중의 하나이다.

히기누스는 특이하게도 크레이터의 경계를 이루는 둥근 외륜이 없이 그냥 바닥이 푹 꺼져 있는 것처럼 보인다. 또 북서쪽에서 남서쪽으로 크레이터를 관통하는 것처럼 골짜기가 지나고 있어 생각보다 눈에 잘 뜨인다. 이 골짜기는 리마 히기누스(Rima Hyginus)라고 불린다. 리마는 '열구(裂溝)'라고 하는 달의 지형 이름으로, 한자 그대로 찢어진 것처럼 만들어진 도랑을 의미한다. 달의 계곡을 뜻하는 발리스(Vallis)와 유사하지만, 발리스는 주로 산지 사이에 깊게 파인 홈을 말하고, 리마는 달의 바다 같은 곳에 길게 파인 지형을 말한다(발리스의 규모가 대체로 좀 더 크지만 명확히 구분되는 것은 아니다).

히기누스 열구는 북서쪽에서 내려오다가 히기누스 크레이터를 뚫고 한 번 꺾어서 남동쪽으로 내려가는 것처럼 보이는데, 총 길이가 무려 200km를 넘는다. 계곡의 양쪽 사면은 보름 때도 하얗게 잘 보여서 주변의 둥글고 어두운 지형과 함께 3시 55분을 가리키는 시곗바늘처럼 보인다.

그런데 잘 살펴보면 히기누스 남서쪽 트리에스네커 크레이터 부근에도 골짜기들이 복잡하게 얽혀 있는 것이 보인다. 동쪽에도 히기누스 열구와 비슷한 모양의 열구가 같은 방향으로 길게 이어져 있는 것을 볼 수 있다. 전자는 트리에스네커 열구, 후자는 아리아데우스 열구라고 불린다. 아리아데우스 열구는 길이 220km, 폭 4~5km, 깊이 0.8km 정도 되는데, 우리가 지리 시간에 배우는 '형산강 지구대'와 같은 지구대(Rift Valley), 즉 평행한 단층절벽 사이에 만들어진 좁고 긴 골짜기이다.

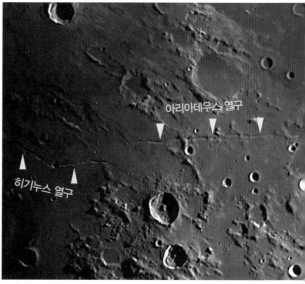

히기누스 열구와 아리아데우스 열구

히기누스 열구와 트리에스네커 열구의 기원에 대해선 논란이 있다. 일반적인 지구대처럼 길게 땅이 꺼진 것이 아니라 구덩이들이 연결된 것처럼 보이는 부분이 있기 때문이다. 특히 히기누스 열구의 북서쪽 부분을 보면 그 특징이 잘 보이는데, 이러한 모습 때문에 일부 과학자들은 이 지형이 화산의 칼데라처럼 지하의 용암이 빠져나간 자리가 꺼져서 이루어진 화산 지형이라고 생각한다. 그리고 만약 그것이 사실이라면 외륜이 잘 보이지 않는 히기누스 자체도 칼데라일 수 있다고 주장한다. 아직까지 확실한 연원은 알 수 없지만, 중앙만 동쪽의 복잡하게 얽힌 열구들은 외력에 의해 생성된 크레이터와는 달리 달 내부의 작용에 의해 만들어진 지형이라는 점에서 꼭 짚고 넘어갈 만하다.

아울러 히기누스 열구 바로 북동쪽에 있는 어둡고 거친 지형도 눈여겨봐둘 만하다. 끈끈하게 반쯤 굳은 콘크리트 바닥을 발가락이 세 개 달린 짐승이 쿡 밟고 지나간 것 같은 모습인데, 이 발자국의 남서쪽을 히기누스 열구가 감싸고 있는 것처럼 보인다.

금배지 크레이터
트리에스네커

프란츠 데 파울라 트리에스네커 Franz de Paula Triesnecker	트리에스네커 Triesnecker
1745~1817	4.2°N 3.6°E
오스트리아의 천문학자	25.4km

트리에스네커 크레이터

트리에스네커는 오스트리아 출신의 예수회 소속 천문학자이다. 사제가 된 후에는 비엔나 천문대에서 근무했으며, 이후 비엔나 천문대 대장을 역임하면서 천체의 측정에 관해 연구하며 정확한 경도 측정을 위해 노력했다고 전해진다.

그의 이름이 붙여진 트리에스네커 크레이터는 중앙만 한복판에 홀로 자리 잡고 있다. 중앙만 자체가 큰 지형은 아니지만, 달의 중앙에서 약간 북쪽에 위치한 공터에 홀로 있다 보니 30km도 안 되는 작

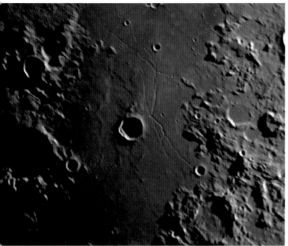
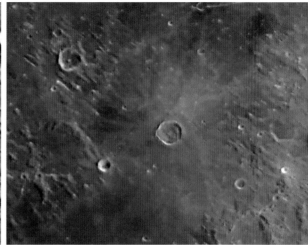

트리에스네커 크레이터와 열구　　　　　　월령 10일 무렵의 트리에스네커

은 크기에도 불구하고 눈에 잘 띈다.

　트리에스네커는 모양이나 내부 구조도 꽤 특이한데, 모양이 오각형에 가까워서 금
배지를 연상케 한다. 아닌게 아니라 바닥도 굴곡이 져 있어서 무궁화꽃이라도 있는
듯싶다. 크게 두드러지지는 않지만 바닥 가운데 작은 중앙산도 보인다. 중심산과 동
쪽 가장자리 사이에는 조금 높은 언덕이 있으며, 바닥 전체에 크고 작은 구릉들이 형
성되어 있다. 흔히 달의 크레이터는 동그랗게 움푹 파인 지형이라고 생각하지만 실제
로는 삼각형, 사각형, 오각형, 육각형 등 각이 진 모습을 하는 경우가 많은데, 특정한
월령에 그 특징이 좀 더 두드러져 보여서 모양을 관찰하는 묘미가 있다.

　트리에스네커의 동쪽 바깥쪽에는 북쪽에서 남쪽 방향으로 여러 가닥의 골짜기들이
패어 있는 것을 볼 수 있는데, 트리에스네커 열구라고 불리는 지형이다. 이 지형은 북
동쪽에 있는 히기누스 열구와 함께 달의 대표적인 골짜기 지형으로, 히기누스 열구보
다는 선명하지 않지만 전체 길이가 200km에 달한다. 월령을 잘 맞춰서 관측하면 복
잡한 얽힘이 두드러지게 보이는 특징적인 지형이다.

크레이터의 이름을 정리한 사람을 기리며
블래그

메리 아델라 블래그 Mary Adela Blagg	블래그 Blagg
1858~1944	1.3°N 1.5°E
영국의 천문학자	5km

블래그는 영국의 여성 천문학자로, 원래 사무엘 아서 사운더라는 월면지리학자를 돕던 자원봉사자였다. 국제천문연맹(IAU)이 결성되기 전인 1907년, 국제아카데미협회의 자문위원회에서 달 지형의 명칭을 징리하는 작업을 진행하고 있었는데, 사운더는 그 위원 중의 하나였다. 블래그는 사운더를 도와 방대한 양의 자료를 정리하여 보고서를 준비했지만, 사운더를 비롯한 위원들이 잇따라 사망하는 불운이 발생해 보고서가 발간되지 못했다.

메리 아델라 블래그

이후 IAU가 결성되면서 블래그는 1920년 IAU의 첫 번째 월면 명칭위원회의 회원으로 선임되었다. 그녀는 완성하지 못한 자료들을 무려 15년에 걸쳐 몇 명의 천문학자들과 함께 다시 정리해서 1935년 최초의 체계적인 월면 명칭 리스트인 'Named

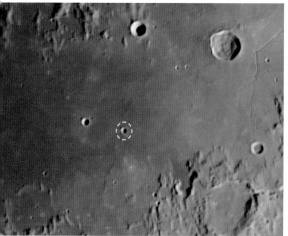

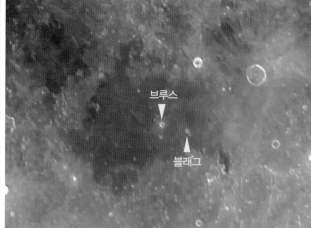

블래그 크레이터   월령 14일 무렵의 중앙만 부근

Lunar Formations'를 완성했다. 최초의 리스트에는 총 614개의 이름이 있었지만,
아폴로 계획을 비롯한 우주선의 탐사 등으로 현재 달 지형에 붙은 이름은 9천 개가
넘게 늘어났다.

　영국의 치들이라는 작은 마을에서 태어나 일요학교 선생님과 봉사단체 활동가 등
으로 일하다가 중년이 넘어서 천문학자의 길로 들어선 블래그는 외계 지형에 대한 명
명 체계의 기반을 만들었을 뿐 아니라 이중성 관측에도 뛰어난 업적을 남겼다. 조용
하고 남들 앞에 잘 나서지 않는 편이었지만, 평생 봉사 활동을 했던 그녀는 제1차 세
계대전 중에 벨기에 난민 어린이들을 돕기도 했다고 한다.

　블래그 크레이터는 달의 거의 정중앙에 있는 중앙만 한복판에 자리 잡고 있다. 크기
도 작고 눈에 띄는 특징도 없지만 허셜과 트리에스네커 사이에 있어 비교적 쉽게 찾
을 수 있다. 블래그 서쪽의 조금 더 큰 크레이터에는 브루스라는 이름이 붙어 있는데,
천문학에 많은 후원을 했던 미국 여성 캐서린 울프 브루스의 이름을 딴 것이다.

별의 밝기를 정한 사람
히파르코스

니케아의 히파르코스 Hipparchus of Nicaea	히파르코스 Hipparchus
기원전 ?~140년경	5.1°S 5.2°E
그리스의 천문학자	143.9km

히파르코스는 고대 천문학의 슈퍼스타라고 할 만한 천문학자다. 매우 뛰어난 관측자로, 프톨레마이오스의 연구 성과 중 상당수가 실은 히파르코스의 업적인 것으로 여겨진다.

니케아의 히파르코스

춘분점을 연구하다가 우연히 지구가 세차운동을 한다는 것을 발견했으며, 자신이 고안한 삼각법을 이용해 일식의 예측 방법을 최초로 개발했다. 뿐만 아니라 최초의 포괄적인 항성표를 만들었으며, 근세까지 천체 관측이나 항해에 사용된 아스트롤라베(Astrolabe), 즉 천체관측의를 만든 사람으로도 알려져 있다.

그는 일식의 관측과 삼각법을 이용해 지구와 달 사이의 거리를 비교적 정확하게 산출해냈다. 오늘날 우리가 사용하는 별의 밝기를 나타내는 등급 체계도 그로부터 비롯

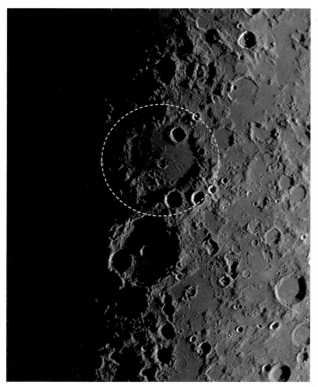

히파르코스 크레이터

된 것이다. 눈에 보이는 별 가운데 가장 밝은 것을 1등급, 가장 어두운 것을 6등급으로 하여 5단계로 구분하는 방식을 고안한 사람이 바로 히파르코스다.

프톨레마이오스가 그의 영향을 크게 받았으니 히파르코스를 천동설의 진짜 아버지라고 불러도 무난할 것이다. 하지만 그도 처음에는 태양이 우주의 중심일 것이라고 추정했다. 그러나 아무리 계산을 해도 행성의 궤도가 정확한 원처럼 보이지 않아서 이를 포기하고 아리스토텔레스의 지구중심설로 돌아섰다고 한다. 그의 정교하고 광범위한 관측 결과와 그럴듯한 설명은 아리스토텔레스의 권위, 그리고 완벽하고 이상적인 천계라는 이데올로기와 결합하여 거의 2천 년 동안이나 천문학을 지배했다.

그의 이름이 붙은 히파르코스 크레이터는 프톨레마이오스에서 북동쪽으로 얼마 떨어지지 않은 곳에 있다. 지름이 144km나 되는 커다란 크레이터지만 많이 침식되어 있어서, 터미네이터로부터 멀어지면 그저 여러 크레이터들 사이에 있는 평지처럼

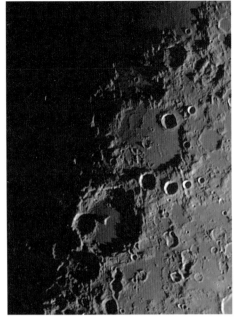 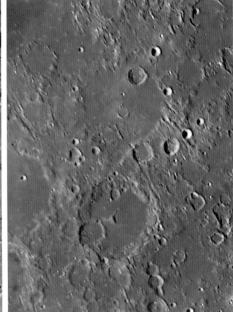

월령 8일 무렵의 히파르코스   월령 20일 무렵의 히파르코스

보인다. 특히 동쪽에 비해 서쪽 가장자리는 침식이 심해 경계도 약간 모호하다. 그나마 그레이디 인쪽, 북쪽 가장자리에 신명하게 찍혀 있는 호록스라는 크레이터가 인상을 남긴다. 하지만 날을 잘 맞추면 정말 인상적인 모습을 볼 수 있다.

히파르코스는 다른 크레이터에 비해 바닥이 유난히 불룩해 보인다. 히파르코스의 서쪽 부분은 크레이터들이 한데 뭉쳐서 다른 지역보다 약간 땅이 꺼진 것처럼 보이는데, 아마도 이 부분 때문에 더 그런 느낌이 드는지도 모르겠다. 이 부분은 히파르코스의 가장 큰 특징으로, 17세기 로버트 후크가 그린 스케치에도 뚜렷하게 나타난다.

히파르코스의 동남쪽 바깥 부분에는 고원처럼 넓고 높은 지역이 있는데, 여기에 크레이터 네 개가 크기순으로 곡선을 그리며 찍혀 있는 것이 인상적이다. 가장 큰 크레이터의 이름은 핼리인데, 우리가 잘 아는 핼리 혜성을 발견한 에드먼드 핼리의 이름을 딴 크레이터다. 이 크레이터 서쪽을 보면 뭔가 뾰족한 것으로 그어 놓은 것 같은 긴 골짜기가 북서쪽에서 남동쪽 방향으로 달리고 있는 것이 보인다.

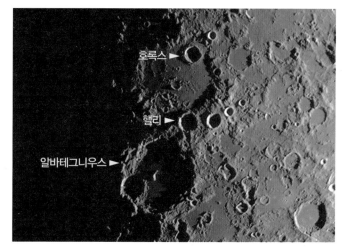

히파르코스 주변의 크레이터

히파르코스 남쪽에 바로 붙어 있는 크고 선명한 크레이터는 알바테그니우스라는 크레이터인데, 9세기에서 10세기 사이에 살았던 아랍 천문학자인 알 바타니(Al-Battani)의 이름을 딴 크레이터다. 복잡하게 무너져내린 외벽과 평평하게 용암으로 채워진 바닥 위로 삐죽 올라와 있는 중앙산의 흔적, 그리고 남서쪽 벽에 콱 찍혀 있는 큼직한 크레이터 등등 재미있는 특징들을 많이 가지고 있으며, 히파르코스와 함께 8일 무렵의 달에서 가장 인상적인 모습을 보여준다.

갈릴레이의 유명한 달 스케치를 보면 평온의 바다와 코카서스 산맥임이 분명한 중앙 상단의 바다 아래 큰 크레이터 하나를 그려놓았는데, 위치나 월령으로 봤을 때 아마도 알바테그니우스를 본 것으로 여겨진다. 실제 모양이나 위치와는 다소 차이가 있지만, 그 무렵 월령대에서 알바테그니우스의 존재감을 잘 보여주는 사례라 하겠다.

잊혀가는 고대 천문학의 왕
프톨레마이오스

클라우디우스 프톨레마이오스 Claudius Ptolemy	프톨레마이오스 Ptolemaeus
87~150	9.3°S 1.9°W
그리스의 천문학자	158.3km

프톨레마이오스는 천동설을 집대성한 고대 천문학의 절대권력자이다. 그가 쓴 〈알마게스트〉는 중세시대 유럽, 중동, 북아프리카 일대에서 가장 권위 있는 천문학 서적이었으며, 이슬람 천문학에도 큰 영향을 주었다. 이 책의 명성은 너무나도 대단해서 '수학의 집대성'이라는 원래 제목은 '가장 위대한 것'이라는 뜻의 〈알마게스트(Almagest)〉로 바뀌었으며, 저자의 권위도 덩달아 높아져 신성불가침의 지경에 이르게 되었다.

클라우디우스 프톨레마이오스

이제는 어리석은 이론처럼 여겨지는 천동설이지만, 〈알마게스트〉에 수록된 천동설 이론과 계산표를 이용하면 행성의 운동과 위치, 항성의 움직임, 일식과 월식 등 맨눈으로 볼 수 있는 사실상의 모든 천문 현상을 거의 정확하게 계산해낼 수 있었다. 천동

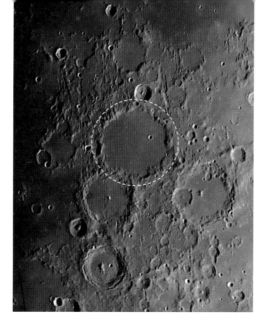

프톨레마이오스 크레이터

설이 그렇게 오랜 기간 인정받을 수 있었던 것은 역설적이게도 사실과 정반대의 가정을 하고도 매우 정확한 예측을 할 수 있었던 인간의 놀라운 수학적 능력 때문이었는지도 모른다.

프톨레마이오스는 〈알마게스트〉의 서문에 '우리 천문학자의 목적은 하늘의 모든 현상이 단일한 원운동에 의해 만들어졌음을 설명하는 것'이라고 못 박고 있다. 사변을 통해 내려진 잘못된 결론의 근거를 자연현상에서 찾아내라는 명령을 받았으니 꼼꼼한 성정을 타고난 여러 천문학자들은 참으로 곤혹스러웠을 것이다. 이론과 살짝살짝 아귀가 맞지 않는 관측 결과에 당황하기도 하고 분통을 터뜨리기를 수백 년, 관측기술이 정확해질수록 오류는 점점 더 명확해져갔고, 이론은 보정에 보정을 더해 점점 더 복잡해져갔다. 그리고 점차 이 반복되는 불일치가 의미하는 바가 무엇인지를 깨달았을 것이다. 그러나 그중 용기 있는 몇 명만이 후세에 길이 남을 혁명의 주인공으로 이름을 남기게 되었다.

프톨레마이오스 크레이터는 그의 명성에 걸맞게 달 한복판에 커다랗게 자리 잡고 있다. 프톨레마이오스의 바닥은 용암이 채워져 평평하고, 외벽은 무너져내려 다른 크레이터에 비해 높지 않으며 높이도 들쭉날쭉하다. 생성된 이후 무수한 운석의 충돌과 용암의 분출을 겪은, 오래되고 무너져가는 크레이터임이 분명하다. 한때는 대단했지만 이제 더 이상 존경받지 못하는 천동설과 그대로 닮아 있다.

용암이 채워져 평평해진 바닥과 외벽에는 작은 크레이터들이 많이 보인다. 그중 프

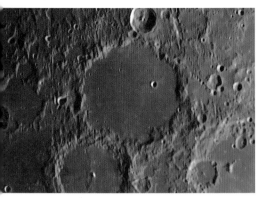

월령 9일 무렵의 프톨레마이오스

월령 10일 무렵의 프톨레마이오스

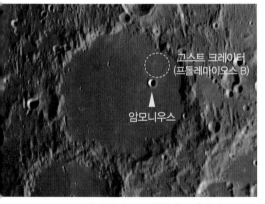

프톨레마이오스 내부의 크레이터

톨레마이오스 바닥 중심에서 북동쪽에 위치한 것이 제일 큰데, 여기에는 암모니우스라는 그리스 천문학자의 이름이 붙어 있다. 이 사람은 프톨레마이오스에 대해 가르쳤다고 전해진다. 암모니우스 외에도 매우 작은 크레이터들이 주변에 송송 뚫려 있다. 이런 것들에는 아직까지 이름이 붙어 있지 않고 프톨레마이오스 B, C 같은 이름이 붙어 있다. 이런 크레이터들을 위성 크레이터(Satellite Crater)라고 하는데, 경우에 따라서 나중에 이름이 붙기도 한다. 암모니우스는 원래 프톨레마이오스 A였다.

월령에 맞춰 잘 살펴보면 희미하게 용암에 파묻힌 크레이터의 흔적도 둥글둥글하게 보인다. 이런 흔적들은 크레이터가 생성된 이후 분출된 용암에 덮여버린 것들로 유령 크레이터(Ghost Crater)라고 부른다. 이런 모습들로부터 우리는 달의 역사를 살펴볼 수 있다. 먼저 프톨레마이오스가 생기고 이후에 다른 운석들이 떨어져서 내부에 크레이터들이 만들어졌고, 여기에 용암이 분출해서 바닥을 채워 고스트 크레이터들이 만들어졌으며, 암모니우스 같은 크레이터는 훨씬 나중에 만들어졌다는 것을 유추할 수 있다.

세 개의 검은 점

알폰수스

알폰소 10세 Alfonso X	알폰수스 Alphonsus
1223~1284	13.7°S 3.2°W
스페인의 왕	110.5km

알폰소 10세는 부르고뉴 왕가 출신의 스페인 왕이자 천문학자로 문화, 학술 방면에 있어서 거의 세종대왕급의 업적을 남긴 사람이라고 한다. 그는 법률, 과학, 시학 관련 서적을 대중이 이해할 수 있는 구어체로 정리했으며, 당대 시각에 중심을 둔 역사서를 편찬하고 법령을 정비했다. 또한 성모의 기적을 노래한 가곡을 편찬하기도 했다고 한다.

그가 달의 크레이터에 이름을 남길 수 있었던 것은 그가 만든 알폰소 목록(Alfonsine table) 덕분이었다.

알폰소 10세

기독교화된 유럽에서 만들어진 최초의 천문표로, 천동설을 바탕으로 특정 시간의 행성의 위치와 일식을 계산할 수 있도록 되어 있었다. 알폰소 목록은 스페인의 무슬림 천문학자인 알자첼의 계산을 바탕으로 한 것이었다고 한다.

알폰수스 크레이터

　그의 이름이 붙여진 알폰수스 크레이터는 그 업적과 명성에 걸맞게 크기도 크고 눈에 잘 띄는 곳에 사리 잡고 있다. 달의 한복판, 고내 천문학의 수퍼스타였던 프톨레마이오스 크레이터의 바로 아래, 그리고 인상적인 알자첼 크레이터 위에 위치하면서 세칭 알폰수스 3형제를 이루고 있다.

　이 세 크레이터를 잘 살펴보는 것은 매우 재미있다. 알자첼은 가장 작지만 안에 여러 지형들이 잘 보이고 뚜렷한 중앙산을 가지고 있다. 바닥이 평평한 것이 뭔가 채운 것 같지만, 중앙산도 있고 골짜기도 있다. 프톨레마이오스는 중앙산이 없이 용암이 바닥을 평평하게 덮어버렸다. 알폰수스는 그 중간이다. 평평한 바닥 가운데 중앙산이 아주 살짝 솟아 있다. 중앙산이 작은 것이 아니라 용암이 그만큼 덮어버렸음을 알 수 있다.

그러나 알폰수스를 특별하게 만드는 특징은 따로 있다. 망원경으로 보면 넓은 크레이터의 서쪽 끝에 하나, 그리고 동쪽 끝 위아래로 검은 얼룩이 있다. 이 얼룩들 가운데에도 역시 작은 크레이터가 있어서 혹시 화산의 흔적이 아닌가 하고 생각하는 과학자들도 있다. 실제로 1950년대 미국과 소련의 천문학자들이 붉은색 가스구름을 보았다고 보고한 바가 있다.

그러나 후대의 달 탐사와 정밀 관측을 통해 이러한 주장에 대한 근거가 밝혀진 바는 없다. 달은 지질 활동이 끝난 천체이기 때문에 화산 활동이 있다면 매우 놀라운 일이겠지만, 아마도 실제로 일어난 사건은 아닌 듯하다. 그러나 그 진위 여부와 관계없이 이 세 개의 얼룩은 트레이드 마크가 되어 강렬한 태양빛에 달 표면 모두가 하얗게 빛날 때에도 알폰수스의 위치를 쉽게 찾을 수 있게 해준다.

월령 9일 무렵의 알폰수스

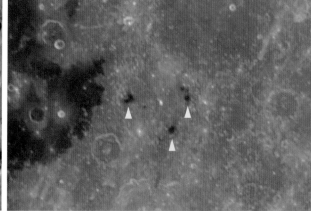

월령 14일 무렵의 알폰수스. 세 개의 검은 점이 뚜렷하다.

신라의 미소가 떠오르는 모습

알자첼

아브 이삭 이브라힘 알 자칼리 Abū Isḥāq Ibrāhīm al-Zarqālī	알자첼 Arzachel
1029~1100	18.2°S 1.9°W
스페인의 아랍 천문학자	97km

이 크레이터 이름의 주인은 본래 아브 이삭 이브라힘 알 자칼리라는 긴 이름을 가진 스페인 출신 무슬림으로, 중세 유럽의 이슬람 문화권에서 가장 중요한 천문학자로 꼽히는 사람이다.

그는 천체관측 장비의 제작에도 뛰어나서, 그가 만든 개량된 이슬람식 아스트롤라베(여러 개의 원판으로 이루어진 천체관측의. 시간 측정, 별과 행성의 궤도 계산 등에 이용됨)는 '사페

알 자칼리의 아스트롤라베

아(Saphaea)'라는 이름으로 유럽에서 널리 사용되었다.

알자첼은 천문학적으로도 커다란 족적을 남겼다. 당시 다른 천문학자들과 마찬가지로 그도 프톨레마이오스의 천동설을 바탕으로 천문학을 연구했지만, 매우 정교한

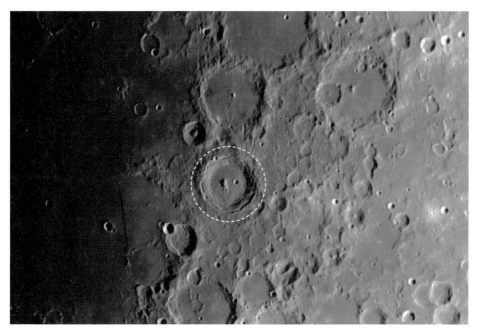

알자첼 크레이터

관측을 통해 태양의 원지점이 배경 별을 기준으로 매년 12.04초(실제로는 11.77초)의 속도로 움직이고 있다는 것을 알아냈다. 이러한 움직임을 설명하기 위해 태양의 이심 원(deferent)의 중심이 작고 천천히 회전하는 원 위에 놓여 있다고 가정한 독특한 이론을 내놓기도 했는데, 이것은 저 유명한 코페르니쿠스의 책인 〈천구의 회전에 관하여〉에서도 태양중심설을 수정하기 위한 모델로 사용되었다.

그의 이름이 붙은 알자첼 크레이터는 프톨레마이오스, 알폰수스와 함께 상현 무렵에 달 표면에서 가장 눈길을 끄는 세 개의 크레이터 군을 이룬다. 그중에서도 알자첼은 매우 특징적인 모습을 하고 있다. 레이도 사라졌고, 크레이터 바닥도 용암이 어느 정도 채워져 평평하지만, 외벽은 아직 선명한 동그라미 모양을 하고 있으며, 중앙산

월령 9일 무렵의 알자첼

도 제법 크게 남아 있다. 촘촘하게 여러 겹으로 보이는 외벽과 바닥 한가운데에 위치한 길쭉한 중앙산, 그리고 그 동쪽에 있는 작고 동그란 위성 크레이터가 인상적이다.

좀 더 자세히 살펴보면 표면에 더 작은 크레이터들이 많이 있고, 동편 가장자리에 아주 가는 조각도로 살짝 그은 듯한 골짜기도 보인다. 가만히 보면 어딘가 모르게 한국의 어느 대기업 로고를 닮은 것 같기도 하고, 신라의 얼굴무늬 수막새 기와가 떠오르기도 하는 재미있는 모습이다.

월령 20일 무렵의 알자첼

위대한 아마추어 천문학자를 기리며

허셜

윌리엄 허셜 William Herschel	W. 허셜 W. Herschel
1738~1822	5.7°S 2.1°W
독일 출신 영국 천문학자, 음악가	39km

1781년 3월 13일 새벽, 취미로 천체관측을 하던 윌리엄 허셜(43세, 음악가)은 황소자리 제타별 부근에서 이중성을 찾다가 '별이 아닌 것' 하나를 발견한다. 초점을 맞추면 다른 별들은 점점 작아져 점으로 모이는데, 유독 한 별만 어느 시점부터 더 이상 작아지지 않고 동그란 빛조각으로 남았다. 문제는 이 빛조각이 살살 움직인다는 것이다.

윌리엄 허셜

허셜은 이것이 혜성이라고 생각했다. 매우 타당한 추론이었다. 이 별의 창백하고 푸르스름한 색깔은 꼭 혜성을 닮아 있다. 그런데 꼬리는? 나중에 생길 것이라고 생각했던 허셜과는 달리 '프로' 천문학자들은 난리가 난다. 이 천체의 궤도를 계산해보니 혜성과 같이 길쭉한 타원을 그리는 것이 아니라 거의 원형이었던 것이다.

윌리엄 허셜 크레이터

허셜 일가의 크레이터 위치

그리고 티티우스-보데 규칙으로 유명한 독일의 천문학자 보데는 과거의 관측 기록을 뒤져 이 천체의 궤도를 확정한다. 이 신행성은 천천히 움직여서 이동하는 것이 눈에 잘 안 띄었을 뿐이지 맨눈으로도 보이는 밝기라서 예전에 여러 천문학자들이 이미 발견하고도 항성으로 잘못 기록해두었던 것이다. 보데는 이 천체의 이름을 우라누스(Uranus)로 지을 것을 제안한다. 천왕성이 발견되는 순간이었다.

선대의 천문학자들과는 달리 허셜이 천왕성을 발견했던 것은 그가 이중성을 찾고 있었기 때문이었을 것이다. 두 별이 아주 가까이 붙어 있어서 망원경으로도 주의 깊게 살펴봐야 하는 이중성 관측을 꼼꼼히 실행하던 허셜에게 유사 이래 몸을 숨기고 별 사이를 잠행하던 은둔자가 걸려들고 만 것이다.

천왕성 발견 이후 '아마추어 천문학자' 허셜의 승승장구는 말할 필요도 없다. 영국 왕실의 포상과 왕립학회 회원, 왕실 천문학자 임명에 더하여

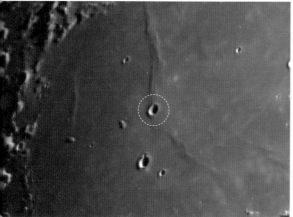

여동생 캐롤라인 허셜 크레이터(C. Herschel)　　아들 존 허셜 크레이터(J. Herschel)

국제적인 명성도 얻는다. 그가 발견하고 정리한 성운·성단·은하의 목록은 후대의 보충을 더해 NGC목록이라는 이름으로 오늘날까지 이어지고 있으며, 그가 직접 정리한 천체목록 가운데 주요한 천체 400개를 골라 모은 '허셜 400'은 현대의 아마추어 관측자들 사이에서도 고수 인증용으로 여전히 통용된다. 계산이 아니라 관측으로 밤하늘에 다가가는 사람, 매일 망원경을 들여다보며 하나하나 밤하늘의 신비를 발견하는 사람 – 우리가 어릴 때 꿈꾸었던 천문학자는 바로 그런 사람이 아니었나?

　위대한 아마추어 관측자 허셜의 이름을 딴 크레이터는 달의 한복판, 프톨레마이오스 크레이터 정북쪽에 떡하니 버티고 있다. 그리 크진 않지만, 다 무너져가는 달 중앙부의 여느 크레이터들에 비해 동그란 모습이 선명하고 중앙산도 뚜렷해서 훨씬 젊고 쌩쌩해 보인다. 북동쪽 외벽은 두 겹으로 보이며, 바닥은 사발같이 둥그스름하지만 매끄럽지 않고 굴곡이 많이 져 보인다.

　윌리엄 허셜 외에도 아들 존 허셜과 여동생 캐롤라인 허셜의 이름을 딴 크레이터도 있는데, 성으로 명칭이 붙다 보니 J. Hershel과 C. Hershel로 이름이 붙여져 있다.

뽀로로 혹은 새둥지
알페트라기우스

누르 앗딘 알 비트루지 Nur ad-Din al-Bitruji	알페트라기우스 Alpetragius
? ~1100년경	16.0°S 4.5°W
모로코의 천문학자	40km

알페트라기우스는 지금의 스페인 지역에서 활동했던 이슬람 천문학자이다. 본명은 누르 앗딘 알 비트루지인데, 유럽에서는 알페트라기우스라는 이름으로 알려져 있다.

그는 프톨레마이오스의 주전원과 이심원을 제거한 새로운 행성운동 이론을 제시해 13세기 유럽에서 그 이름이 널리 알려졌었다고 한다. 그의 이론은 프톨레마이오스의 이론만큼 행성의 움직임을 정확히 예측하진 못했지만, 천체의 움직임을 물리학적 관점에서 이해하려 했던 점에서 의미가 있었다.

그는 천체의 운동이 그것이 가지는 고유의

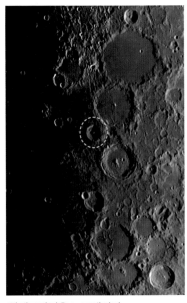

알페트라기우스 크레이터

월령 9일 무렵의 알페트라기우스

성질에 기인한 것이 아니라 사물과는 별개로 존재하는, 보이지 않는 힘의 덩어리가 이들을 움직이게 하며, 이러한 운동의 원리는 천계와 지상계에서 모두 동일하다고 주장했다. 오늘날의 운동량 혹은 관성과 비슷한 이 개념은 알페트라기우스가 처음 제시한 것은 아니지만, 그는 이것을 임페투스라 이름붙이고 천체의 운동에도 적용했다. 임페투스 가설은 14세기 유럽에서 사물의 운동을 설명하는 데 널리 적용되었지만, 이후 다른 이론으로 대체되고 오늘날 '추동력'이라는 의미의 단어 'Impetus'로만 남아 있다.

그의 이름이 붙은 알페트라기우스의 크레이터는 '달 위의 뽀로로'로 아마추어 관측자들 사이에서 유명하다. 알페트라기우스는 알폰수스와 알자첼 사이의 서쪽에 바로 위치하는데, 이 세 크레이터가 이루는 모습이 둥근 안경을 쓰고 뾰족한 부리를 가진 뽀로로의 모습과 비슷해서이기 때문이다.

주변의 크레이터가 아니더라도 알페트라기우스는 매우 독특한 크레이터임에 분명

월령 10일 무렵의 알페트라기우스

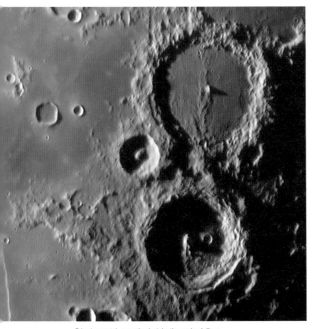

월령 22일 무렵의 알페트라기우스

하다. 알페트라기우스는 중심산의 상대적인 크기가 눈에 띄게 크다. 중심산은 알페트라기우스의 바닥 거의 전체를 차지하고 있는 것처럼 보이는데, 직경의 거의 1/3을 차지한다. 높이도 2km에 이른다. 그래서 이 지역에 아침이 찾아오는 때에 관측을 하면 마치 새가 둥지에 알을 낳아놓은 것 같은 느낌을 받는다. 이렇게 특이한 중심산을 갖게 된 이유로 과학자들은 화산 활동의 가능성을 제시하고 있는데, 명확한 증거는 없는 것으로 보인다.

  알페트라기우스의 외륜은 약간 육각형으로 보이며, 산이 둥글게 솟아 있다기보다는 땅이 아래로 움푹 팬 것 같은 느낌이 강하다. 중심산이 워낙 크다 보니 내부에 특별한 지형이 보이지는 않는데, 다만 북쪽과 북서쪽 바닥에 작은 언덕이 솟아 있는 것이 살짝 보인다.

월면 X

라카유

니콜라 루이 드 라카유 Nicolas-Louis de Lacaille	라카유 la caille
1713~1762	23.8°S 1.1°E
프랑스의 천문학자	67.2km

라카유는 구상성단 M55를 최초로 발견하고 자신의 남천 관측 기록을 토대로 14개의 별자리를 만든 프랑스의 천문학자다. 북반구에서도 보이는 조각가자리를 비롯해 화로, 테이블산, 공기펌프, 그물, 나침반, 망원경, 시계, 조각칼, 직각자, 컴퍼스, 팔분의, 화가, 현미경자리 등이 바로 라카유가 만든 별자리들이다. 그는 뉴턴의 중력이론을 지지했으며, 마자랭 대학교의 수학교수로 있으면서 교과서로 쓰일 만큼 널리 읽힌 책도 저술했다고 한다.

니콜라 루이 드 라카유

라카유에게는 두 명의 걸출한 제자가 있는데, 한 명은 장 실뱅 바이, 다른 한 명은 바로 비운의 천재 라부아지에였다. 두 명 모두 프랑스 학계와 사회에 커다란 영향을 미쳤던 사람들인데, 안타깝게도 프랑스 대혁명의 소용돌이 속에서 단두대의 이슬이

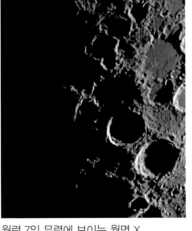

라카유 크레이터

월령 7일 무렵에 보이는 월면 X

되고 말았다. 라카유는 두 명의 제자가 불행한 죽음을 맞이하기 훨씬 전인 1762년, 50도 안 되는 젊은 나이에 세상을 떠났다.

라카유 크레이터는 달의 남쪽 한복판, 베르너와 알자첼 사이에 위치한다. 직경이 67km로 작은 편은 아니지만, 주변에 비슷한 모양의 크레이터들이 많이 있고 외벽에 많은 충돌이 덧입혀져서 주의해서 찾아봐야 알 수 있다.

라카유는 주변의 지형들과 함께 꽤 재미있는 현상을 만들어내는 것으로 유명하다. 바로 월면 엑스(X) 현상이다. 이 현상은 복잡한 달의 지형과 대기가 없는 달 표면으로 내리쬐는 태양빛이 만들어내는 이벤트다. 태양빛을 산란시킬 대기가 없는 달 표면은 햇빛이 닿기 직전까지 칠흑처럼 검게 보이다가 빛이 닿는 순간 바로 환하게 빛나면서 강한 대비를 보여준다. 달 표면에 아침이 밝아오는 지역인 터미네이터 부근을 보면 이러한 대비를 잘 느낄 수 있는데, 이때 산 정상부와 같이 높은 곳은 태양빛이 먼저 닿기

월면 X를 만들어내는 라카유 주변 지형

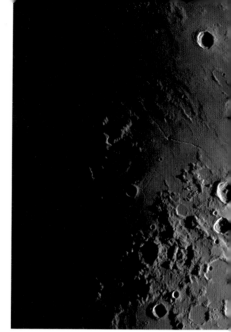

때문에 새카만 배경 위에 밝게 빛나는 섬처럼 보인다. 새벽 산행을 하다가 볼 수 있는 산정의 일출과 비슷한 현상이지만, 지구는 대기에 산란된 태양광이 주변을 환하게 밝히기 때문에 이런 강렬한 대비가 일어나지 않는다.

월면 X는 일출 무렵 라카유 부근 크레이터들의 경계를 이루는 산자락 정상부에 아침 햇살이 비추면서 달 표면에 X자 모양의 마크가 보이는 현상이다. 정확히 말하자면 라카유의 남쪽 능선, 푸르바흐의 북쪽 능선, 그리고 블랑키누스의 서쪽 능선이 만나서 이루는 고지대에 비치는 아침 햇살이 지구에서 보았을 때 X자 형상을 이루는 것이다. 매월 일어나는 현상이지만, 음력 6~7일 무렵에 잠시만 보이기 때문에 타이밍을 잘 맞춰 관측에 도전해볼 만하다.

월면 V 현상

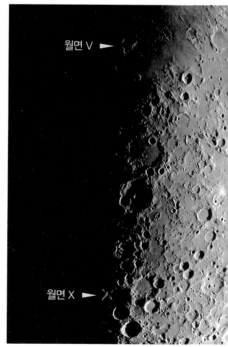

말이 나온 김에 같은 시기에 보이는 월면 V라는 현상도 찾아보면 좋을 듯해 소개한다. 같은 시기에 프톨레마이오스에서 한참 북쪽으로 올라가 중앙만과 증기의 바다 사이를 잘 살펴보면 V자 모양의 마크가 보인다. 이것은 월면 X와 같은 원리로 생겨나는 것으로, 우케르트(Ukert)라는 크레이터 서쪽의 언덕들이 만들어내는 무늬이다. 월면 X와 같은 날 볼 수 있으니 함께 도전해보면 좋겠다.

월면 X와 월면 V

넘버 쓰리

델랑드르

앙리 알렉상드르 델랑드르 Henri Alexandre Deslandres	델랑드르 Deslandres
1853~1948	33.1°S 4.8°W
프랑스의 천문학자	227km

델랑드르는 19세기에서 20세기까지 활동한 프랑스의 천문학자이다. 원래 전공이 분광학이어서 천체에 대한 다양한 분광 연구를 했다. 카시니 가문이 대대로 역임했던 파리 천문대 대장을 1926년부터 맡아서 태양에 관한 연구를 했는데, 토성의 고리들이 서로 다른 속도로 회전한다는 것과 천왕성의 자전 방향이 일반적인 행성의 반대 방향이라는 사실을 알아냈다.

앙리 알렉상드르 델랑드르

그의 이름이 붙은 델랑드르 크레이터는 달의 앞면에서 바이, 클라비우스에 이어 세 번째로 큰 크레이터다. 그러나 망원경으로 보면 처음에는 이곳이 크레이터인지 잘 구분이 가지 않을 정도로 닳아 있는 모습이다. 둥근 산 가운데 오목한 지형이 아니라 그냥 동그랗게 땅이 꺼져 있는 듯한 느낌이다. 그래서인지 그 안에 있는 더 작은 크레이터에는 1935년 처음 크레이터 이름이 정리될 때 헝가리 출신 천문학자 헬(Hell)의 이름이 붙여진 반면, 델랑드르는 그로부터 13년후인 1948년에 가서야 이름이 붙여졌다.

델랑드르 크레이터는 그야말로 형편없이 두드려 맞은 듯한 모습이다. 크레이터 바닥은 용암으로 채워진 듯 평평하지만, 셀 수 없이 많은 작은 크레이터들이 널려 있고 외벽은 곳곳이 무너져 있으며, 델랑드르 남쪽은 렉셀이라는 크레이터가 아예 푹 파먹었다.

가장 눈길을 끄는 부분은 델랑드르 내부 북동쪽에 흉터처럼 죽 늘어선 한 줄기의 크레이터 체인이다. 대여섯 개의 크레이터가 겹쳐져 애벌레 같은 모습을 하고 있다.

그리고 또 하나, 그 애벌레 꼬

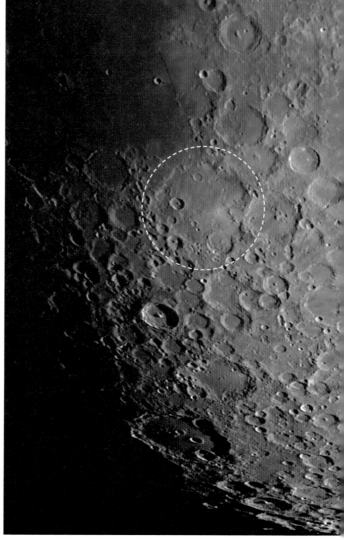

델랑드르 크레이터

리 끝에서 조금 떨어진 곳에 있는 하얀 반점이 있는데, 이것은 카시니가 처음 관측 기록을 남긴 지형으로, 카시니는 뭔가 밝은 빛조각이 보이고 나서 크레이터 하나가 생

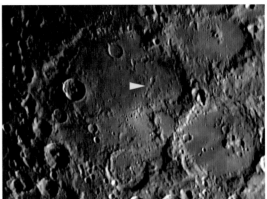

월령 9일 무렵의 델랑드르와 크레이터 체인(화살표)

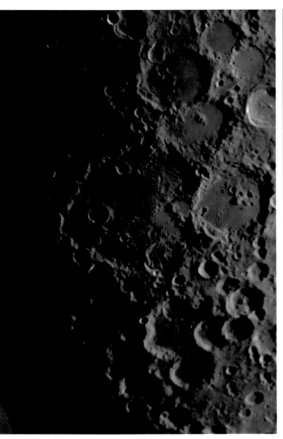

월령 8일 무렵의 델랑드르

겨났다는 기록을 남겼다. 카시니가 실제로 크레이터가 생성되는 과정을 보았는지는 의심스럽지만, 아무튼 밝고 하얀 레이는 젊은 크레이터의 상징이니 생긴 지 오래되지 않은 크레이터임에는 분명하다. 이 부분은 달이 밝아진 다음에도 눈에 띄어서 델랑드르의 위치가 어디쯤인지를 가늠할 수 있게 해준다.

크레이터 북쪽에서부터 서쪽 외벽과 헬 사이에도 계곡같이 보이는 크레이터 체인이 있다.

올라프를 닮은 크레이터
마우로리쿠스

프란체스코 마우로리코 Francesco Maurolico	마우로리쿠스 Maurolycus
1494~1575	42.0°S 14.0°E
이탈리아의 천문학자	115.3km

마우로리코는 이탈리아의 수학자이자 천문학자이다. 기하학과 광학, 수학, 역학, 음악, 천문학 등 다방면에 기여했으며, 아르키메데스를 비롯한 고대 학자들의 업적을 정리하기도 했다. 티코의 별로 알려진 1572년 초신성도 관측했다고 한다. 그러나 코페르니쿠스의 지동설에 대해서는 매우 적대적이었는데, 코페르니쿠스의 이론에 대해 "논박을 할 일이 아니라 채찍이나 매로 다스려야 한다"고 극언했다고 전한다.

프란체스코 마우로리코

과격한 언사에도 불구하고 그의 이름은 매우 재미있고 귀여운 모습의 크레이터에 붙어 있다. 마우로리쿠스 크레이터는 달의 남쪽 고원, 크레이터가 밀집한 지역에 위치한다. 대략적으로 티코와 피콜로미니 사이에서 티코 쪽으로 약간 더 치우쳐 있다고 생각하면 된다. 마우로리쿠스는 직경이 115km나 되는 거대한 크레이터인데, 전체적인 모양은 육각형으로 약간 각이 져 보인다. 동쪽 사면 전체가 바닥 쪽으로 무너져내린 모습이 매우 인상적이다.

어느 정도 크기가 있고 생긴 지 오래되지 않은 크레이터들은 보통 내벽이 계단처럼 층이 진 구조가 많은데, 마우로리쿠스의 경우는 산사태가 일어나 바닥으로 흙이 흘러내린 것처럼 보인다. 북서쪽 외륜에는 제법 큰 운석이 충돌한 듯 위성 크레이터가 산줄기를 끊고 있다.

남쪽 외륜 위에도 역시 작은 크레이터가 하나 있다. 중심산은 마우로리쿠스 중앙에서 북쪽으로 살짝 치우쳐 위치하며 약간 길쭉한 모습이다. 바닥에도 크레이터

마우로리쿠스 크레이터

들이 많이 보이는데, 중심산 남쪽으로 크고 작은 크레이터 두 개가 엇갈려 찍혀 있다. 북서쪽 바닥에는 작은 크레이터가 열을 지어 짧은 호를 그리며 찍혀 있고, 북쪽 바닥에도 자잘한 크레이터들이 무수히 찍혀 있다. 그냥 보면 그저 바닥 지형이 복잡한 크

레이터처럼 보이지만, 거꾸로 보면 한쪽 눈을 찡긋한 곰돌이 인형처럼 보이기도 하고, 당근으로 코를 만든 〈겨울왕국〉의 올라프 얼굴처럼 보이기도 한다(올라프에 비해 얼굴이 둥근 편이다).

월령 18일 무렵의 마우로리쿠스

망원경으로 달을 보면 상하좌우가 바뀌기 때문에 뒤집힌 모습으로 기억하는 경우도 많다. 워낙 크레이터가 많은 지역이라 처음 찾기는 쉽지 않지만, 한 번 모습을 확인한다면 그 다음부터는 쉽게 찾을 수 있는 특징적인 모습이다.

월령 19일 무렵의 마우로리쿠스

월령 8일 무렵의 마우로리쿠스(남북 반전)

월령 10~11일

터미네이터가 볼록해지는 이 시기부터 달의 드넓은 대양이 펼쳐진다. 상대적으로 바다의 면적이 좁은 동쪽보다는 크레이터 수가 좀 적어지지만, 이 시기에 보이는 크레이터들은 달을 대표하는 크레이터들이다.

1. 에라토스테네스 2. 코페르니쿠스 3. 슈뢰터 4. 데이비 5. 불리알두스 6. 테빗 7. 헤시오도스
8. 티코 9. 클라비우스

아펜니노 산맥이 멈추는 곳

에라토스테네스

키레네의 에라토스테네스 Eratosthenes of Cyrene	에라토스테네스 Eratosthenes
B.C. 276~196	14.5°N 11.3°W
그리스의 천문학자	58.8km

시에네라는 도시에서는 하지 때 우물 바닥까지 해가 비친다는 이야기를 듣고 이런저런 방법으로 지구의 둘레를 놀라울 정도로 정확하게 추산해냈다는 이야기가 전설처럼 전해지는 고대의 천재다. 에라토스테네스는 지구의 자전축이 공전면에 대해 23도 기울어져 있다는 것과 달의 지름이 지구의 1/4정도 된다는 점을 발견한 것으로도 유명한데, 다른 고대의 천재들에 비해 그 추산값의 정확도가 유독 높다는 것이 인상적이다.

에라토스테네스

그는 에라토스테네스의 체(코스키콘)라는 소수를 추출하는 알고리즘으로도 현대까지 이름을 전하고 있다. 칼 세이건의 〈코스모스〉에서도 에라토스테네스는 고대 그리스의 합리적이고 과학적인 사고의 상징처럼 그려진다. 그는 베타라는 별명을 가지고 있었

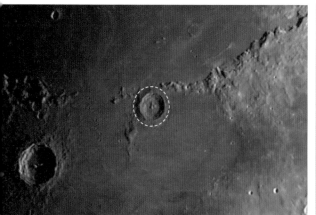

에라토스테네스 크레이터

월령 9일 무렵의 에라토스테네스

는데, 이것저것 손을 대지만 1등은 못 한다는 뜻으로 붙여진 것이라고 한다. 요즘 시쳇말로 '콩라인'쯤으로 번역할 수 있겠다. 하지만 전설처럼 전해내려오는 알렉산드리아 도서관의 관장이었다고 하니, 당대에도 높이 인정받는 학자였음은 말할 필요도 없다.

그의 이름이 붙여진 에라토스테네스 크레이터는 케플러, 티코, 코페르니쿠스 등 쟁쟁한 크레이터와 어깨를 나란히 하는 멋진 분화구이다. 크레이터가 보통 동그랗다고 하지만 실은 약간 각진 모양도 있고, 형성된 이후 다른 운석과 충돌해서 모양이 일그러지기도 한다. 에라토스테네스는 흠없이 동그란데다 월면의 한복판에 있어 정말 동그랗게 보인다(동그란 크레이터도 달의 가장자리에 위치하게 되면 곡률 때문에 타원으로 보이기도 한다). 게다가 비교적 깊어서 터미네이터에 걸려 있을 때는 마치 달 한복판에 구멍이 뽕 뚫린 것처럼 보인다. 위치도 비의 바다 동쪽 가장자리 경계를 이루는 아펜니노 산맥이 끝나는 곳에 마침표처럼 찍혀 있어 찾기도 쉽다.

재미있는 것은 내부의 지형인데, 중앙산의 생긴 모습이 정북 방향으로 거의 크레이터 가장자리까지 연결되어 있고, 북동쪽으로도 짧게 산맥이 튀어나와 있어 마치 오

월령 10일 무렵의 에라토스테네스

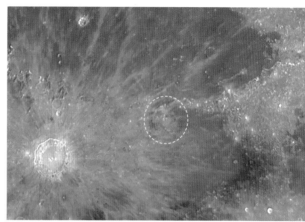

월령 13일 무렵의 에라토스테네스. 코페르니쿠스의 레이에 가려 거의 보이지 않는다.

후 2시를 가리키는 시계처럼 보인다. 더욱 놀라운 것은 이렇게 선명한 에라토스테네스 크레이터가 보름 무렵이 되면 마술처럼 사라져서 눈앞에 두고도 찾을 수가 없게 된다는 것이다. 이러한 현상이 일어나는 것은 이 크레이터가 선명한 생김새와는 달리 32억 년이나 된 오래된 것이라서 주변의 레이가 모두 사라져버린데다가

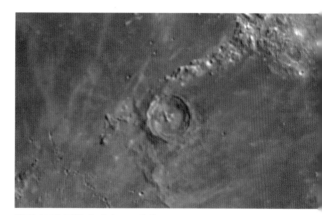

월령 22일 무렵의 에라토스테네스

가까이 있는 젊은 코페르니쿠스 크레이터가 생성될 때 만들어진 레이로 덮여버렸기 때문이다.

이렇게 오래된 크레이터임에도 이다지도 선명한 외벽과 층이 진 내벽, 그리고 중앙 산을 유지하고 있는 것은 현대에도 빛나는 에라토스테네스라는 이름에 걸맞은 모습이라고 하겠다.

선구자의 크레이터
코페르니쿠스

니콜라스 코페르니쿠스 Nicholas Copernicus	코페르니쿠스 Copernicus
1473~1543	9.7°N 20.1°W
폴란드의 천문학자	96.1km

니콜라스 코페르니쿠스

코페르니쿠스는 천동설의 미망을 깨치고 나온 선구자로 역사에 길이 빛나는 이름이다. 그러나 그가 지동설을 최초로 제창한 것은 아니고, 고대 천문학자들의 생각을 재발견했다고 봐야 맞을 것이다.

의사이자 수도사이기도 했던 코페르니쿠스는 천체가 완전한 등속 원운동을 하며, 행성을 비롯한 여러 천체들이 투명한 수정구에 점점이 박혀 있다는 플라톤 이래의 우주관에 충실한 사람이었다. 그가 태양과 지구의 위치를 바꾼 것은 다만 그쪽이 등속 원운동으로 구동되는 우주를 그려내기에 더 적합했기 때문이었다. 코페르니쿠스도 주전원과 이심원의 개념을 그대로 사용하고 있으며, 심지어 프톨레마이오스에 비해 그 모델이 더 간단하지도 않았다. 그러나 태양이 중심에 있다고 가정한 모델을 바탕으로 계산한 결과는 이전의 방법보다 훨

코페르니쿠스 크레이터

씬 정확하게 천체의 움직임을 예상할 수 있었다. 에라스무스 라인홀드가 이를 바탕으로 한 행성표를 만들고 요하네스 스타디우스가 지구중심설에 따른 천문력을 만들면서 코페르니쿠스 체계는 유럽에 널리 퍼졌다.

그러나 지구중심설의 유용성에도 불구하고 당시 사람들 중에서 정말로 지구가 무시무시한 속도로 공전과 자전을 할 것이라고 믿는 사람은 별로 없었다고 한다. 경험적으로 받아들일 수 없는 가정이기도 하거니와 실제로 그것을 입증할 증거도 없었기 때문이다. 그러나 시간이 지나 지구가 움직인다는 증거가 하나 둘 등장하기 시작하자, 어쩌면 정말 지구가 움직이고 있는 것인지도 모른다는 의심에 사로잡힌 사람들은 난폭해지기 시작했다. 그 결과 조르다노 브루노는 화형대에 올려졌고, 갈릴레오가 종교재판을 받고 유폐되었으며, 데카르트는 물리학에서 손을 떼기로 결심하게 되었다.

그러나 정작 이 사단에 불을 댕긴 코페르니쿠스는 비교적 편안한 말년을 보냈다. 2005년에 코페르니쿠스의 유해가 발견되어 그의 조국인 폴란드에서 떠들썩하고 성대한 장례식이 다시 한 번 치러졌다고 한다.

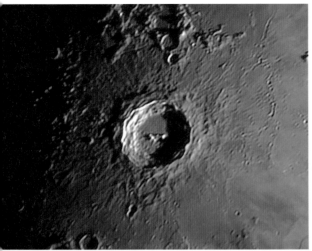
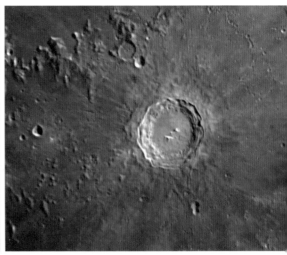

월령 9일 무렵의 코페르니쿠스   월령 10일 무렵의 코페르니쿠스

그의 이름은 명성에 걸맞게 달의 한복판, 선명하고 빛나는 크레이터에 붙어 있다. 사실 그의 이름을 이 크레이터에 붙인 이는 리치올리라는 사람인데, 티코의 우주론을 지지하는 보수적인 천문학자였다고 한다. 그래서 티코의 이름을 비롯한 천동설론자들의 이름은 달의 육지 지역, 눈에 잘 띄는 크레이터에 붙인 반면, 코페르니쿠스와 케플러 같은 지동설 지지자들의 이름은 폭풍우의 대양 한가운데 '던져버렸다'고 했다.

하지만 그저 '던져버렸다'고 하기에는 코페르니쿠스와 케플러의 이름은 너무나 멋진 크레이터에 붙어 있다. 크기면에서도 코페르니쿠스가 티코보다 조금 더 크고, 티코만큼이나 달을 가로지르는 장대한 레이 시스템을 갖지는 않았지만 길이가 800km에 이르는 방사상의 아름다운 레이 시스템은 보름달에서 가장 눈길을 끄는 부분 중의 하나이다.

코페르니쿠스는 약간 육각형이 진 원형으로 보이며 중앙에는 세 개의 중심산이 있는데, 가운데 것이 약간 작은 대신 가장자리에 있는 두 개가 매우 선명하게 보인다. 바

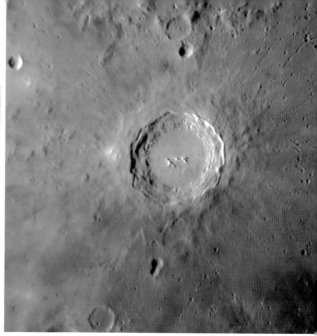

월령 13일 무렵의 코페르니쿠스 　　　　　월령 22일 무렵의 코페르니쿠스

닥은 밝고 울퉁불퉁한 편으로 용암이 들어찬 흔적도 없고, 외벽도 완벽한 윤곽을 그리고 있다. 내벽은 계단형으로 경사가 좁게 겹겹이 이어져 평평한 바닥과 이어진다. 바깥쪽에는 충돌 시에 형성된 것으로 보이는 언덕이 둥글게 크레이터를 감싸고 있으며, 그 밖으로도 파편의 잔해가 쌓인 흔적이 역력하다. 보름이 되면 이 잔해들이 새하얀 빛을 발해서 격렬한 충돌과 파편의 분출이 마치 어제 일어난 일처럼 선명하고 생생하다.

　그런데 좀 더 잘 살펴보면 코페르니쿠스의 남쪽 6~7시 방향이 다른 곳보다 좀 어둡다. 외벽에 다른 것이 충돌한 흔적도 없는데 유독 보름에 보면 이 부분만 레이가 어둡게 보이는 것이 신기하다. 외벽을 잘 살펴보면 3시 방향에 살짝 도드라진 부분이 눈에 띈다. 코페르니쿠스의 외벽이 아래로 무너져내리는 가운데 그 부분만 조금 덜 무너져서 거대한 벼랑 끝처럼 불쑥 튀어나와 있는 것이다. 만약 누군가 그 위에 선다면 거대한 코페르니쿠스 크레이터가 한눈에 보일 것이다.

3

달 위의 하얀 코브라

슈뢰터

요한 히에로니무스 슈뢰터 Johann Hieronymus Schröter	슈뢰터 Schröter
1745~1816	2.6°N 7.0°W
독일의 천문학자	36.7km

요한 히에로니무스 슈뢰터

요한 히에로니무스 슈뢰터는 18~19세기 독일의 천문학자이다. 그는 원래 법률가였는데 우연찮은 기회에 윌리엄 허셜의 형제들과 친분을 얻게 되었고, 이어서 허셜이 제작한 망원경을 구하면서 천문학에 흥미를 갖게 된다.

이후 허셜이 천왕성을 발견했다는 소식에 크게 자극받은 그는 1781년 왕실 비서 일을 마다하고 지방 도시인 릴리엔탈시의 최고행정관으로 자리를 옮겨 본격적인 천문학의 길로 접어든다. 전형적인 아마추어 천문가의 행보인데, 학문적 기반이 다소 부족했던 탓에 이론적으로는 특히 내세울 만한 업적은 없지만 열성적인 관측을 통해 태양과 화성, 목성, 금성, 토성, 그리고 무엇보다도 달 표면에 관한 광범위한 관측과 기록을 남겨 이름을 알렸다.

자신의 천문대까지 마련한 그
는 유명한 천문학자들과 함께 관
측을 했다. 칼 루드비히 하딩과 프
리드리히 빌헬름 베셀이 그의 제
자였다고 한다. 하딩은 저 유명한
쌍가락지 성운(NGC 7293, 나선성
운이라고도 한다)을 발견한 사람이
고, 베셀은 최초로 연주시차를 측
정한 천문학자이다.

슈뢰터 크레이터

그러나 슈뢰터의 연구는 나폴레
옹 전쟁으로 모두 잿더미가 되어
버렸다고 한다. 난폭한 성격으로
악명 높았던 도미니크 방담이 그
의 책을 모두 불살라버리고 천문
대도 부숴버렸기 때문이다. 슈뢰
터는 목숨을 부지할 수 있었지만,
나폴레옹 전쟁 이후로는 그의 관
측 기록이 없다고 한다. 걸출했던
아마추어 관측자 한 명이 그렇게
사라졌다.

슈뢰터 크레이터와 슈뢰터 계곡

슈뢰터는 특이하게도 달의 두
곳에 이름을 올리고 있다. 하나는
자신의 이름이 붙은 크레이터이

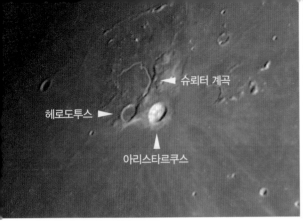

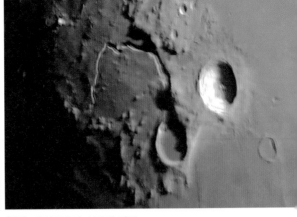

슈뢰터 계곡 주변의 모습   월령 11일 무렵의 슈뢰터 계곡

고, 다른 하나는 자신이 1790년대에 발견한 계곡이다. 슈뢰터 크레이터는 중앙만 서쪽 바깥쪽에 있는데, 침식이 심하게 되어 크레이터 같은 모습을 찾아보기는 어렵다. 북쪽 부분은 주변보다 약간 높은 지형과 연결되어 있으며, 남쪽 외벽은 완전히 무너져버려 동쪽과 서쪽 외륜만 윤곽이 남아 있는 상태로 말발굽과 약간 닮아 보인다. 게다가 색깔도 어두워서 주변 바다와 구별이 잘 되지 않는다.

그러나 그가 발견하여 자신의 이름이 붙은 슈뢰터 계곡은 달 표면에서도 손꼽히는 멋진 지형이다. 슈뢰터 계곡은 크레이터에서 서쪽으로 한참 떨어진 폭풍의 대양 한복판 아리스타르코스와 헤로도투스 부근의 눈에 잘 띄는 곳에 위치한다. 슈뢰터 계곡은 이 두 크레이터 부근에 있는 지름 6km의 크레이터에서 시작해서 깊고 뚜렷한 골짜기가 무려 160km나 이어진다. 이렇게 강이나 골짜기가 구불구불 이어지는 것을 '사행(蛇行)'한다고 하는데, 슈뢰터 골짜기는 정말 뱀과 비슷한 모양이다. 특히 앞쪽은 폭이 좀 넓다가 뒤로 갈수록 가늘어지는 게 코브라처럼 보인다.

계곡의 깊이는 1km에 이르며, 넓은 곳은 폭이 10km나 된다. 정밀한 관측에서는 바닥에 더 가느다란 골짜기가 보인다고 하는데, 관측이 쉽지는 않다. 이 지형은 용암이 분출되어 흐른 자리로 여겨지는데, 과학자들은 이 계곡을 통해 어마어마한 양의 용암이 분출되어 광활한 폭풍우의 대양을 채웠을 것이라고 생각한다.

멋진 크레이터 체인
데이비

험프리 데이비 Humphry Davy	데이비 Davy
1778~1829	11.8°S 8.1°W
영국의 화학자, 물리학자	33.9km

험프리 데이비는 영국의 화학자이다. 생계를 위해 약제사 조수가 되었다가 화학에 입문했다고 한다. 열이 운동과 관련된 것이라는 사실을 입증하고, 아산화질소가 마취제로 사용될 수 있음을 발견했으며, 소듐(나트륨), 포타슘(칼륨), 마그네슘, 스트론튬, 바륨, 칼슘 등의 원소를 발견했다(불꽃놀이에 많이 쓰는 금속들이다).

험프리 데이비

이렇게 많은 원소를 발견할 수 있었던 것은 전기분해 덕분이었는데, 이 과정에서 물질과 전기 사이의 상관관계를 연구한 선도자가 된다. 전기에 대한 그의 관심은 그의 조수였던 마이클 패러데이로 이어진다.

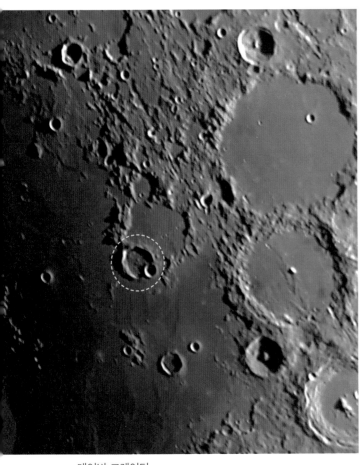

데이비 크레이터

천문학에 큰 업적이 있는 사람은 아니지만, 과학사에서 그가 갖는 중요성을 생각해본다면 그의 이름을 딴 크레이터가 달에 있는 것은 당연해 보인다.

데이비 크레이터는 달의 거의 정중앙 부분, 프톨레마이오스와 알폰소스의 경계를 이루는 벽에서 서쪽으로 조금 떨어진 곳에 위치해 있다. 데이비 크레이터 자체는 그리 크지 않으며, 많이 침식되고 바닥도 용암으로 채워진 듯하다. 남동쪽 외륜에 크게 찍혀 있는 위성 크레이터가 오히려 더 눈에 뜬다.

그러나 데이비의 진짜 매력은 동쪽의 평원을 따라 이어진 크레이터 체인인 카테나 데이비이다. 이 평원은 데이비 Y라는 이름이 붙은 위성 크레이터인데, 특이하게 본 크레이터보다 위성 크레이터가 더 크다. 모두 23개의 크레이터로 이루어져 있는 카테나 데이비는 아마도 한 개의 소행성이 조석력으로 부서져 줄을 이어 달 표면에 충돌한 것으로 보인다(이는 1997년 슈메이커 레비 혜성이 목성에 충돌할 때 보았던 현상이

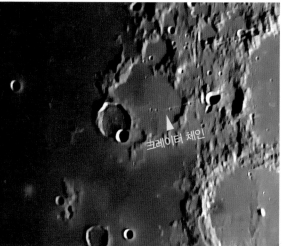

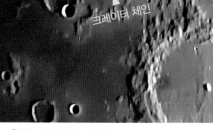

크레이터 체인

월령 9일 무렵의 데이비

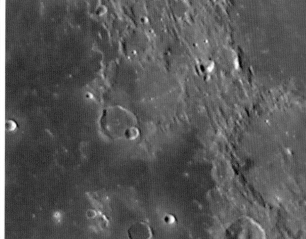

월령 20일 무렵의 데이비

기도 하다).

달의 한복판, 크레이터가 드문 평원에 한 줄로 쪼로록 찍힌 이 크레이터 체인은 아마도 달 표면에서 가장 인상적인 지형 중 하나일 것이다. 더욱 재미있는 것은 이 크레이터들 가운데 여섯 개에 별도의 이름이 붙어 있는데, 특정한 인물의 이름이 아니라 여러 나라들에서 일반적으로 사용되는 보통의 남성, 여성 이름을 붙였다는 것이다. 앨런(Alan), 딜리아(Delia), 해럴드(Harold), 오스만(Osman), 프리실라(Priscilla), 수잔(Susan) 등의 이름 붙여진 이 크레이터들은 각각 그리스, 스칸디나비아, 터키, 라틴 지역의 남녀 이름을 사용한 것이라는데, 직경 2km이하의 작은 것들이라 망원경으로 구별해서 관측하기는 어렵다.

티코의 빛이 지나는 길
불리알두스

이스마엘 불리알두스 Ismaël Bullialdus	불리알두스 Bullialdus
1605~1694	20.7°S 22.2°W
프랑스의 천문학자	60.7km

이스마엘 불리알두스

불리알두스는 프랑스의 천문학자이자 수학자이다. 당대 가장 유명한 천문학자 중의 한 명으로, 코페르니쿠스, 갈릴레이, 케플러를 옹호했다. 케플러의 타원 궤도의 법칙은 불리알두스의 책을 통해 널리 알려지게 된 것이라고 한다.

불리알두스는 편지공화국(Republic of Letters)의 일원으로 왕성한 활동을 했다. 편지공화국은 17세기 후반에서 18세기 사이에 유럽, 미국 등지에서 편지를 통해 서로 소통하던 지식인들의 커뮤니티인데, 국경을 초월한 편지 교환을 통해 지식과 사상을 공유했다. 불리알두스는 유럽 중심국가들은 물론 폴란드, 스칸디나비아, 근동지역의 지식인들에 이르기까지 편지를 교환했는데, 오늘날 전해지는 편지만 5천 통 이상이라고 한다.

그와 편지를 통해 소통했던 주요 인물로는 갈릴레이, 하위헌스, 페르마 등이 있다. 무선통신 같은 원거리 원격통신 수단이 없던 시대에 이런 커뮤니티가 국제적으로 구축되어 있었다는 사실은 참으로 놀랍다. 이러한 활발한 소통이 오늘날 서구 과학기술 발전의 기반이 되지 않았을까 싶다.

불리알두스 크레이터는 구름의 바다 서쪽 가장자리에 있다. 티코에서 뻗어나간 레이 가운데 북서쪽으로 나란히 뻗어나간 선명한 두 가닥의 레이를 따라가다 보면 쉽게 찾을 수 있다. 직경이 60km로 아주 큰 크레이터라고는 할 수 없지만 어두운 바다 한복판에 홀로 찍혀 있어 눈에 잘 띈다.

불리알두스에서 가장 눈길을 끄는 것은 산 시면의 골짜기가 선명한 중심산이다. 중심산은 한 개의 산이 북서쪽과 남동쪽 두 부분으로 갈라져 있는 것처럼 보이는데,

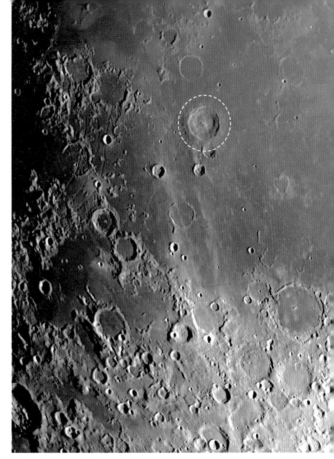

불리알두스 크레이터

월령 10일 무렵의 불리알두스

그 갈라진 봉우리의 사면을 따라 골짜기들이 보인다. 테오필루스나 피콜로미니의 중심산과도 약간 비슷한 느낌이다. 불리알두스의 외륜은 무너지거나 다른 충돌의 흔적 없이 날카롭고 뚜렷하며, 안쪽으로 계단처럼 층이 진 구조가 잘 발달하여 쉽게 확인할 수 있다. 불리알두스 바깥쪽에는 충돌 시 분출된 물질들이 검은 용암대지 위에 방사상으로 흩어져 있다.

 불리알두스 남동쪽 바깥쪽에 바로 붙어서 직경 25km의 위성 크레이터인 불리알두스 A가 있으며, 거기서 조금 더 남쪽으로 내려가면 비슷한 크기의 불리알두스 B도 찾을 수 있다. 크레이터의 전체적인 톤은 좀 어두운 편이고 화려한 레이도 없지만 바닥 곳곳에 희끗희끗한 얼룩들이 보이며, 보름 무렵이 되면 산봉우리와 크레이터 벽면이 하얗게 빛난다. 특히 이 지역은 티코의 레이 중에서도 유독 진한 부분이 지나가는 곳이어서 보름 무렵에 관측하면 티코의 충돌 파편들이 크레이터 전반을 뒤덮고 있는 것이 잘 보인다.

월령 10일 무렵의 불리알두스

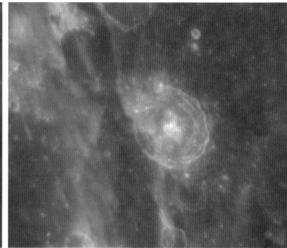

월령 18일 무렵의 불리알두스

스트레이트 월을 찾아라
테빗

타빗 이븐 쿠라 Thābit ibn Qurra al-Harrani	테빗 Thebit
826~901	22.0°S 4.0°W
이라크의 천문학자	54.6km

테빗은 바그다드에 살았던 천문학자이자 수학자, 물리학자이다. 본명은 알 사비 타빗 이븐 쿠라 알 하라니이다. 그는 시리아어와 그리스어, 아랍어 등에 능통했는데, 이를 바탕으로 아폴로니우스, 유클리드, 아르키메데스, 프톨레마이오스 등의 저작들을 아랍으로 번역했다.

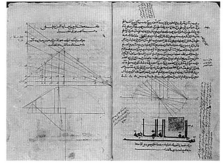

타빗 이븐 쿠라가 아랍어로 번역한 아폴로니우스의 〈원추곡선론〉

그는 1년의 길이를 태양이 춘분점에서 춘분점으로 돌아오는 시기로 하는 것보다 배경이 되는 항성을 기준으로 측정하는 것이 일정한 값을 가질 수 있다고 주장했으며, 1항성년의 길이를 365일 6시간 9분 12초로 계산했다. 이것은 실제값에 비해 2초 정도밖에 틀리지 않는 정밀한 것이었다. 이밖에도 그는 물리학자로서 정역학의 기초를 놓았다고도 전해진다.

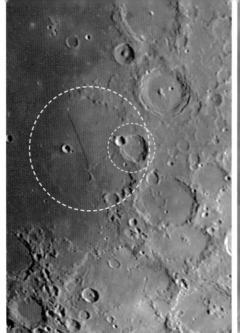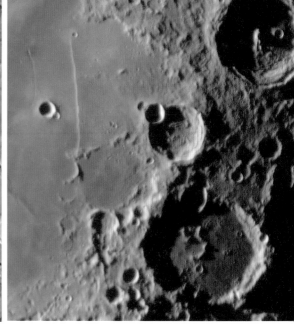

테빗 크레이터(작은 원)와 고(古) 테빗(큰 원)   월령 22일 무렵의 테빗

　그의 이름이 붙여진 테빗 크레이터는 달의 중앙부에서 약간 남쪽, 멋진 크레이터들이 밀집해 있는 지역에 위치한다. 테빗은 알자첼과 푸르바흐 사이에 위치해 있어서 비교적 찾기가 쉽다. 직경 50km가 넘는 작지 않은 크레이터지만, 주변에 크고 멋진 크레이터들이 많다 보니 존재감은 상대적으로 덜한 느낌이다. 테빗 크레이터는 비교적 날카로운 능선을 가지고 있으며, 서쪽 외륜 위에 위성 크레이터인 테빗 A가 위치해 있다. 그리고 그 서쪽에 또다시 테빗 L이 연달아 찍혀 있다. 바닥에 중심산은 보이지 않지만, 마치 쇠스랑으로 밭을 갈아놓은 듯한 지형이 눈에 띈다.

　테빗의 서쪽에는 달에서 가장 인상적인 지형 중 하나라고 할 수 있는 '스트레이트 월'이 위치한다. 라틴어명으로는 'Rupes Recta'라고 하는데, 직선 벼랑이라는 뜻이다. 월령을 잘 맞춰서 보면 정말 달의 표면을 칼로 삭 그은 것 같은 흠이 보인다. 스트레이트 월의 길이는 110km에 달하는데, 실제로는 수직 절벽이 아니고 폭 2~3km에 높이 240~300m 정도 되는 사면이라고 한다. 그러나 망원경으로 보면 인위적이라는 느낌이 들 정도로 선명한 직선인데, 남쪽 끝 부분에 작은 산맥이 수직 방향으로 가로막고 그 아래 작은 고스트 크레이터가 짧은 호를 그리면서 지형이 마무리된다. 이런 모습을 보고 하위헌스는 칼과 같은 모양이라는 기록을 남겼다.

스트레이트 월의 서쪽에는 직경 16km 정도 되는 버트(Birt)라는 크레이터가 있으며, 바로 그 서쪽에 작은 골짜기인 버트 열구가 있다. 버트는 19세기 영국의 아마추어 천문학자로, 존 허셜의 동료였다고 한다. 다시 시야를 조금 넓혀보면 테빗의 동쪽 가장자리를 시작으로 스트레이트 월 남북쪽까지 이어지는 반원형의 지형을 확인할 수 있다. 자세히 살펴보면 스트레이트 월 서쪽으로도 희미한 반원형의 리지가 보인다. 이 두 반원을 연결하면 테빗 크레이터와 스트레이트 월, 버트 크레이터와 계곡을 모두 아우르는 큰 크레이터를 그릴 수 있는데, 아마추어 천문학자들은 이것을 'Ancient Thebit(고(古) 테빗)'이라고 부르기도 한다. Ancient Thebit 안에는 그밖에도 고스트 크레이터와 작은 크레이터들이 많이 있어 매우 흥미로운 관측 대상이 된다.

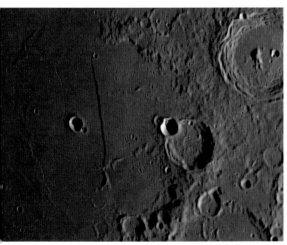

월령 9일 무렵의 테빗과 스트레이트 월

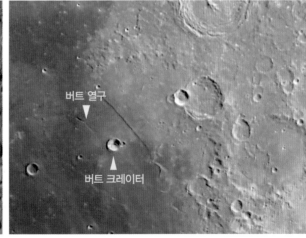

월령 11일 무렵의 테빗

이중 크레이터

헤시오도스

헤시오드 Hesiod	헤시오도스 Hesiodus
B.C. 735년경 활동	29.4°S 16.3°W
그리스의 시인	43.2km

헤시오도스

헤시오도스는 그리스의 시인이자 작가로, 그리스 신의 계보를 정리한 〈신통기〉가 바로 그의 작품이다. 그가 살았던 시기는 기원전 750년에서 650년 사이쯤으로 추정되는데, 바로 로마가 건국된 시기이다. 2,700년이 넘는 세월을 건너 오늘날까지 전해지는 그의 작품들은 그리스 신화의 중요한 참고자료일 뿐 아니라 농사, 경제 등 고대 그리스의 생활상을 엿볼 수 있는 귀중한 자료이다.

헤시오도스는 천문학자는 아니었지만 '아스트로노미아(Astronomia)'라는 시를 썼다. 일부만이 전해져 내려오는 이 시는 주로 플레이아데스와 히아데스 두 성단에 대한 이야기라고 한다. 기원전 7, 8세기 무렵에 플레이아데스와 히아데스에 관한 시를 썼다니, 가히 달에 이름을 남길 만하다. 문인들의 이름을 수성의 크레이터에 붙이는

헤시오도스 크레이터. 오른쪽의 큰 크레이터가 피타투스다.

전통에 따라 수성에도 그의 이름을 딴 크레이터가 존재한다. 헤시오도스는 달의 크레이터에 이름을 새긴 사람 중 가장 고대인이기도 하다.

헤시오도스 크레이터는 티코의 북쪽에 위치하는데, 티코의 레이가 뒤덮어버린 달의 남쪽 고원 지역과 구름의 바다가 접하는 면에 위치하고 있어서 한 번 확인을 하면 비교적 찾기 쉽다. 피타투스라는 크레이터와 딱 붙어 있어서 마치 옆으로 누워 있는 눈사람처럼 보인다(눈사람의 머리가 헤시오도스이고 몸통이 피타투스이다).

두 크레이터는 모두 상당히 특이한 모습을 하고 있다. 피타투스는 16세기 이탈리아 천문학자 피에트로 피타티의 이름을 딴 크레이터다. 피타투스는 북쪽 벽이 거의 무너져 있고 바닥이 모두 용암으로 채워져 있어 바닥은 평평하고, 중앙에서 약간 서쪽으

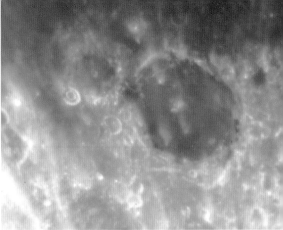

월령 10일 무렵의 헤시오도스. 헤시오도스 A(화살표) 월령 18일 무렵의 헤시오도스
의 이중 크레이터가 뚜렷하게 보인다.

로 치우치게 중앙산의 흔적이 보인다. 피타투스의 가장자리 쪽에는 벽을 따라서 기묘하게 주름 같은 골짜기가 이어진다. 마치 뭔가 끈적한 물체가 쭉 밀려들어오면서 굳은 것 같은 느낌이다.

주인공 헤시오도스는 그에 비해 훨씬 작다. 마찬가지로 바닥은 용암이 차 있고 외벽은 많이 침식되어 있다. 희한하게도 정중앙에 작은 크레이터 하나가 콕 찍혀 있다. 피타투스와 헤시오도스는 골짜기를 통해 연결되어 있다.

가장 눈길을 끄는 것은 헤시오도스 A라는 위성 크레이터다. 주변의 크레이터에 비해 작지만 크레이터 외벽이 아주 선명하고 동그랗다. 놀라운 것은 크레이터 안쪽에 한 겹의 외벽이 더 있는 이중 크레이터라는 것이다.

이러한 이중 크레이터들이 종종 발견되는데, 대형 크레이터의 경우 여러 겹의 거대한 외륜을 갖는 다중고리상을 이루는 경우가 많지만, 이렇게 작은 크레이터의 경우엔 그 기원이 미스터리였다. 예전에는 같은 자리에 운석이 두 번 떨어졌을 것이라 생각했지만, 현재는 화산 작용으로 바닥이 융기한 것이라는 설이 유력하다. 실제로 이러한 이중 크레이터는 바닥에 복잡한 화산 활동의 흔적이 있는 크레이터 주변에서 많이 발견된다고 한다.

크레이터의 왕

티코

티코 브라헤 Tycho Brahe	티코 Tycho
1546~1601	43.4°S 11.1°W
덴마크의 천문학자	85km

티코 브라헤는 월면에서나 천문학사에서나 찬란히 빛나는 이름이다. 칼 세이건의 〈코스모스〉에서 티코는 자신의 명예를 지키기 위해 케플러를 핍박하는, 약간 악당의 이미지로 등장한다. 결투를 하다가 코가 잘렸다거나, 소변을 참다 방광염에 걸려 세상을 떠났다는 등의 입방앗거리들은, 그러나 그의 탁월한 업적을 가릴 만한 것은 아니다.

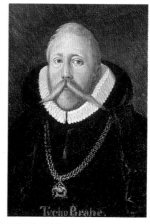

티코 브라헤

맨눈으로 할 수 있는 모든 관측을 마무리지었다는 평을 듣는 그의 관측 자료는 방대한 분량과 놀라운 정확도로 당시 천문학계를 압도했다. 1572년 초신성의 관측과 1577년 혜성에 대한 정밀한 관측은 그의 명성을 드높였고, 천동설과 지동설을 적당히 버무린 그의 우주 모델은 수세에 몰리고 있던 천동설 추종자들의 마지막

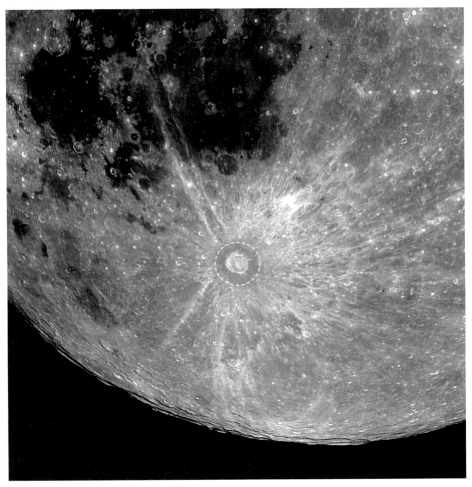

티코 크레이터와 레이

희망이었는지도 모른다.

　그러나 아쉽게도 그의 초신성과 혜성에 대한 연구는 불변의 천체가 붙박힌 수정구들이 겹겹이 지구를 둘러싸고 있는 천동설 모델을 정면으로 부정하는 증거들이었다. 죽음의 병상에 누워 정신이 혼미해진 상황에서도 티코는 케플러에게 "내 삶을 헛되게 하지 말라"는 유언을 남겼다고 한다. 티코는 자신의 우주론이 조수에 의해 부정된 것이 저세상에서도 못내 서운하겠지만, 그가 평생을 바쳐 관측한 밤하늘의 기록이 수천 년간의 미몽을 깨는 기반이 되었다는 점에서 케플러는 티코의 유언을 충실히 이행했다고 할 수 있을 것이다.

티코의 크레이터는 그야말로 장대하다. 직경 85km의 크레이터를 남긴 충돌의 흔적이 생생하다. 선명한 중앙산과 흠 없이 뚜렷한 외벽, 여러 겹으로 층이 진 내면과 평평한 바닥, 그리고 월면 전체를 가로지르는 장장 1,500km에 달하는 레이까지, 그야말로 크레이터의 왕이라 할 만하다. 너무나 장대하고 인상적이어서 긴 설명이 필요 없다. 자그마한 망원경이라도 보름에 달을 보면 바로 "아, 저게 티코구나!" 하게 된다.

티코의 레이는 심지어 지구조를 통해서도 확인할 수 있을 정도다. 생성된 지 8,500만 년가량 되었다니 티라노사우루스의 먼 조상뻘이 될 만한 공룡들은 달을 거의 쪼개놓을 것 같았던 이 충돌의 현장을 보았을 수도 있겠다.

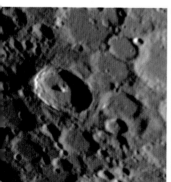  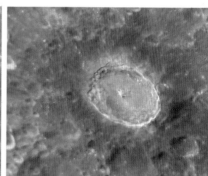

월령 10일 무렵의 티코   월령 11일 무렵의 티코   월령 18일 무렵의 티코

보름달과 티코

크레이터의 대왕
클라비우스

크리스토퍼 클라비우스 Christopher Clavius	클라비우스 Clavius
1537~1612	58.8°S 14.1°W
독일의 천문학자	230.8km

크리스토퍼 클라비우스는 독일의 수학자이자 천문
학자이다. 당대 가장 존경받던 천문학자로, 오늘날 우
리가 '양력'이라고 부르는 그레고리력의 승인을 담당
했던 바티칸 위원회의 멤버였다. 날짜를 정하는 것은
어떤 의미에서 순환하는 세계의 질서를 정하는 것이
기 때문에 단순히 생활의 편의 문제를 넘어서는 중요
한 일이었다. 그런데 문제는 1년이 딱 365일이 아니
라는 점이다. 이전 율리우스력은 4년에 한 번 윤년을
두는 방법을 썼는데, 그레고리력은 400년에 세 번 윤
년을 제하는 방법으로 정확성을 높였다.

크리스토퍼 클라비우스

그가 쓴 책은 50년 이상 유럽의 대학에서 교과서로 사용되었으며, 갈릴레오도 클라
비우스를 존경했다고 한다. 그러나 아쉽게도 클라비우스는 투철한 천동설 지지자였

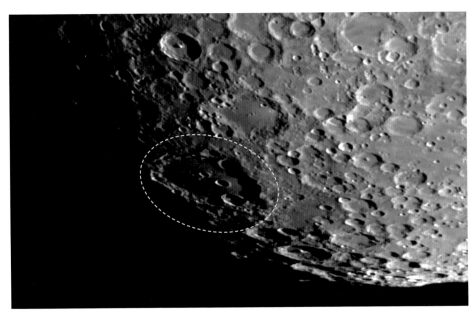

클라비우스 크레이터

으며, 망원경으로 본 달의 표면에 산이 있다는 사실도 부정했다. 뻔히 보이는 산을 산이 아니라고 했다니 이해가 안 갈 수도 있지만, 당시 아리스토텔레스의 세계관에 따르면 무거운 것들은 지구 중심으로 떨어져내려 땅을 이루고, 천계를 이루는 물질은 지구와는 전혀 다른 것이라 여겼다. 달에 산과 바위, 흙이 있다는 것은 그 세계관에서는 받아들일 수 없는 일이었던 것이다.

그런 그의 이름이 이렇게 멋진 크레이터에 붙어 있다는 것은 좀 아이러니한 일이다. 달에 있는 수많은 크레이터 가운데 존재감은 티코가 최고라고 하겠지만, 그 크기나 형상의 아름다움을 묻는다면 단연 클라비우스가 으뜸이라고 할 수 있다. 달의 앞면에서 두 번째로 큰 클라비우스는 직경이 230km나 된다. 가만히 보면 바닥이 볼록하게 보이는데, 이는 달의 곡률 때문이다. 게다가 달의 남쪽 부근에 있다 보니 칭동에 의해 위치나 모양이 많이 달라져 보이는데, 원래 생김새는 거의 원형이지만 시기에 따라 아주 납작하게 보이기도 한다.

클라비우스 크레이터 안팎에는 여러 개의 크레이터가 있는데, 특히 남쪽 가장자리에서 크기 순서대로 늘어선 여섯 개의 크레이터들이 매우 인상적이다. 자세히 살펴보면 중앙에서 약간 북쪽으로 희미하게 중앙산의 흔적도 보인다.

클라비우스의 외벽은 주변보다 그리 높아 보이지 않으며 가운데 부분이 그대로 아래로 꺼진 듯한 모습이다. 외벽이 높지 않은 대신 폭이 꽤 넓고 계단처럼 겹겹이 층이져 있다. 마치 거대한 산사태가 안쪽으로 일어난 것 같은 모습이다. 그냥 보기에도 꽤 오래된 크레이터 같아 보이는데, 실은 생성된 지 무려 40억 년이나 되었다고 한다. 무너져 내렸음에도 선명한 크레이터의 윤곽과 역동적인 위성 크레이터의 배열은 빈터만 남았지만 거대한 화강암 탑이 그대로 남아 큰 절이 있었음을 보여주는 폐사지 같은 느낌이 들게 한다.

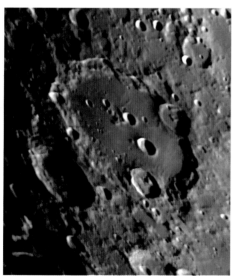
월령 10일 무렵의 클라비우스

월령 22일 무렵의 클라비우스

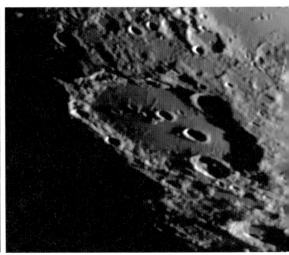

월령 9일 무렵의 클라비우스(2017. 6)

월령 10일 무렵의 클라비우스(2020년, 비슷한 월령이지만 더 납작해 보인다.)

월령 18일 무렵의 클라비우스

월령 12~13일

이제 달은 보름으로 향하고 거의 밤새도록 밤하늘을 밝힌다. 비의 바다, 폭풍우의 대양, 구름의 바다 이곳저곳에 흩어진 멋진 크레이터들과 함께 북쪽과 남쪽 가장자리의 크레이터들을 살펴보기 좋은 시기다.

1. 필로라우스 2. 아낙사고라스 3. 비앙키니 4. 아리스타르코스 5. 케플러 6. 플램스티드
7. 가상디 8. 비텔로 9. 시카드 10. 실러 11. 뉴턴

트윈 픽스

필로라우스

필로라우스 Philolaus	필로라우스 Philolaus
B.C. 470년경~385년경	72.1°N 32.4°W
그리스의 철학자	70km

필로라우스는 소크라테스 이전의 그리스 철학자로, 피타고라스 학파에서 가장 탁월했던 인물로 알려져 있다. 피타고라스의 후계자였다는 설도 있다.

우주의 중심에는 중심화가 있으며, 지구와 태양 모두가 이 중심화 주변을 돌고 있다는 피타고라스 학파의 우주론은 바로 그에게서 비롯된 것이라고 한다. 일부에서는 그의 우주론을 지동설의 원류로 설명하기도 하지만, 천체관측이나 과학적 추론에 의한 것이 아니라 피타고라스 학

중세 판화에 등장하는 필로라우스(왼쪽)

파 특유의 숫자 신비주의로부터 유추된 이론으로 보는 것이 타당할 것이다.

필로라우스 크레이터

    필로라우스 크레이터는 달의 북쪽 가장자리에 위치한 직경 70km의 큼직한 크레이터다. 위치 때문에 타원형으로 보이지만 실제 모습은 동그랗고 잘생긴 크레이터다. 크레이터 내벽에 계단처럼 층이 진 구조가 잘 보이는데, 달의 복판에 있었다면 코페르니쿠스의 축소판처럼 보였을 것이다. 바닥은 울퉁불퉁해 보이는데, 위치상 사선으로 바라볼 수밖에 없어서 자세한 구조를 파악하기는 어렵다.

    그러나 필로라우스의 가장 큰 특징인 두 개의 중앙산은 또렷하게 구별할 수 있다.

월령 20일 무렵의 필로라우스

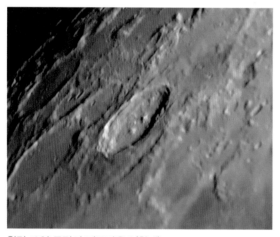

월령 13일 무렵의 필로라우스(확대)

필로라우스의 바닥에는 트윈 픽스(Twin Peaks)라고 이름을 붙여도 좋을 중앙산 두 개가 선명하게 자리 잡고 있다. 보름이 되기 하루나 이틀 전에 달의 북쪽을 보면 아낙사고라스에서 튀어나온 두 가닥의 레이와 필로라우스의 중앙산 봉우리 두 개가 단연 눈길을 끈다.

달의 북쪽 지역에는 거대하지만 오래되어 많이 침식된 크레이터들이 여럿 있는데, 필로라우스는 그 사이에서 가장 눈에 띄는 젊고 생생한 크레이터 중 하나이다.

한 쌍의 더듬이를 가진 크레이터

아낙사고라스

아낙사고라스 Anaxagoras	아낙사고라스 Anaxagoras
B.C.500~428	73.4°N 10.1°W
그리스의 천문학자	51km

아낙사고라스는 그리스의 천문학자다. 원래 이오니아 출신인데 아테네의 정치가 페리클레스가 그를 아테네로 데려왔다고 한다. 달이 태양빛을 반사해서 빛난다는 사실을 명확히 한 최초의 인물이며, 달의 모양이 차고 이지러지는 이유가 지구, 달, 태양 세 천체 간의 상대적 위치에 따른 것이라고 주장했다.

또한 태양이 펠로폰네소스 반도보다 더 큰, 불타는 돌이라고 주장했는데, 이 주장으로 페리클레스의 정적들에게 꼬투리가 잡혀 신을 부정하는 불경한 자로 몰려 투옥되었다가 아테네를 떠났다고 한다.

이테네 대학에 그려져 있는 아낙사고라스

지금의 기준에서 보자면 야만적인 탄압이라고 생각할 수 있겠지만, 익숙지 않은 주장과 생각에 대한 우리의 반응이 그 당시 페리클레스의 정적들과 비교하여 좀 더 합

아낙사고라스 크레이터

리적이라고 말할 수 있을지 깊이 성찰해볼 필요가 있다.

　그의 이름이 붙여진 크레이터는 달의 거의 정북 방향, 북극 부근에 위치하는데, 아마도 크고 많이 침식된 크레이터들이 어지럽게 널려 있는 달의 북극 부분에서 가장 눈에 잘 띄는 크레이터 중의 하나일 것이다. 아낙사고라스는 골드스미스라는 커다란 크레이터의 서쪽 외륜을 콱 잡아먹은 것처럼 위치하는데, 다 무너져가는 골드스미스나 주변의 크레이터에 비해 아주 선명한 외륜을 갖고 있어서 젊은 크레이터라는 사실을 쉽게 알 수 있다.

　매우 선명한 레이도 가지고 있어서 보름 무렵에도 눈에 잘 띈다. 특히 아낙사고라

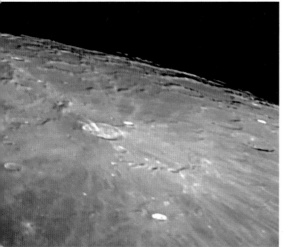

월령 14일 무렵의 아낙사고라스

월령 18일 무렵의 아낙사고라스와 골드스미스

스의 북서쪽을 보면 마치 더듬이처럼 선명한 레이 두 가닥이 뻗어나가 있는 것이 인상적이다. 내부에 울퉁불퉁한 지형과 작은 위성 크레이터도 보이지만 중앙산은 그다지 두드러지지 않는다. 달의 칭동 현상 때문에 상현 전까지는 거의 북쪽 가장자리에 있어서 확인하기가 어렵지만, 보름으로 가까워지면 찾기가 좀 더 수월해진다.

월령 20일 무렵의 아낙사고라스

무지개만의 주인
비앙키니

프란체스코 비앙키니 Francesco Bianchini	비앙키니 Bianchini
1662~1729	48.7°N 34.3°W
이탈리아의 천문학자	37.6km

비앙키니는 이탈리아의 철학자이자 천문학자이다. 그는 구경 66mm에 초점거리가 30m나 되는 엄청난 크기의 공중망원경을 가지고 있었다고 한다. 광학기술이 발달하기 전에는 정밀한 렌즈 제작이 어려워 이렇게 엄청난 초점거리를 갖는 망원경이 사용되기도 했는데, 튜브로 만들어진 경통 대신에 타워크레인 같은 구조물로 대물렌즈와 접안렌즈를 일치시키는 방식이어서 사용하기가 대단히 불편했다.

프란체스코 비앙키니

비앙키니는 이 망원경으로 금성의 자전을 관측하고자 했지만 실패했다. 두꺼운 구름층으로 덮인 금성의 표면은 레이더나 적외선 관측을 통해서나 가능하니 그의 실패는 당연했다. 구름층의 변화 또한 자외선 필터를 이용한 촬영기법이 개발된 근래에 들어서야 가능해졌다. 그는 달력의 정확성을 높이기 위한 연구를 많이 했으며, 뉴턴의 추천을 받아 영국 왕립학회 회원이 되기도 했다.

비앙키니의 이름이 붙여진 크레이터는 직경 38km 정도로 그리 크지는 않다. 중앙에는 작은 중심산이 보이고, 남쪽 사면에 작은 위성 크레이터가 하나 찍혀 있다. 바닥은 다소 울퉁불퉁한데 크게 눈길을 끄는 지형은 없다. 이렇게 보면 그저 평범한 크레이터일 뿐이지만, 비앙키니는 매우 인상적인 지형 위에 자리 잡고 있다. 비앙키니는 바로 달의 중앙 북부, 무지개만을 이루는 산줄기의 한가운데에 위치한다.

무지개만은 정말 잔잔한 바다를 끼고 있는 만처럼 보이는데, 월령을 잘 맞춰 보면 만 앞쪽의 리지들이 마치 해안을 향해 밀려오는 파도처럼 보인다. 이 지역은 원래 직경 260km 정도의 거대한 크레이터였는데 이후 남동쪽 외륜이 사라지고 안쪽이 용암에 잠기면서 오늘날 거대한 만처럼 보이게 된 것이라고 한다. 실제로 지금도 계단처럼 층이 진 내벽의 구조가 생생하다.

비앙키니 크레이터

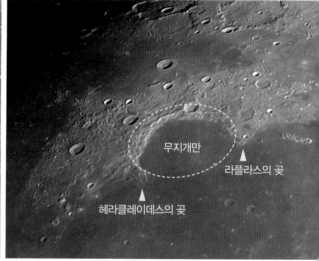

무지개만 주변의 모습

헤라클레이데스의 곶(남북 반전)

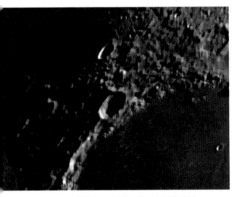

월령 10일 무렵의 비앙키니

월령 11일 무렵의 비앙키니

무지개만을 이루는 호의 양쪽 끝에는 각각 별도의 이름이 붙어 있다. 서쪽 끝은 헤라클레이데스의 곶, 동쪽 끝은 라플라스의 곶이라 불린다. 헤라클레이데스는 B.C. 4세기에 활동했던 그리스의 천문학자로, 지구가 24시간에 한 번씩 서쪽에서 동쪽으로 자전한다고 주장했던 사람이다. 반대쪽 곶의 주인인 라플라스도 수학과 천문학사에서 눈부신 업적을 남긴 사람이다.

둘 다 모두 천문학사에 길이 남을 이름이지만 왠지 이들의 이름은 크레이터 대신 곶에 붙여졌다. 이두 곶 가운데 헤라클레이데스의 곶은 그 모습이 곱슬곱슬한 머리를 어깨 위로 넓게 늘어뜨린 사람의 모습 같은 형상을 하고 있어서 예전부터 눈길을 끌었다. 카시니 1세가 1679년 발표한 달 지도를 보면 다른 지형들이 비교적 사실적으로 묘사된 것에 비해 유독 헤라클레이데스의 곶만 여성의 옆얼굴로 묘사해놓은 것을 알 수 있는데, 이를 두고 어떤 이들은 카시니가 자기 아내의 얼굴을 달 지도에 넣은 것이라고 생각하기도 했다고 한다.

생생한 충돌의 흔적

아리스타르코스

사모스의 아리스타르코스 Aristarchus of Samos	아리스타르코스 Aristarchus
B.C. 310년경~230년경	23.7°N 47.4°W
그리스의 천문학자	40km

아리스타르코스는 지동설의 원조격인 위대한 고대의 천문학자다. 히파르코스가 그의 제자라고 하니 천문학사에서 그의 위치가 어느 정도에 있는지 알 만하다.

사모스의
아리스타르코스

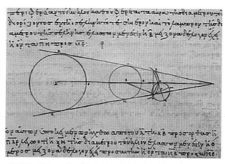

아리스타르코스가 남긴 태양, 달, 지구의 크기를 구하는 작도법(13세기 복제본)

망원경도 없고 천체운동의 이론도 성립되기 전이던 시기에 그가 지구가 태양 주위를 돈다는 결론을 어떻게 내렸는지 의문이 들기도 하지만, 그의 추론은 의외로 간단하다. 태양이 지구보다 훨씬 큰 것 같은데, 큰 것이 작은 것 주위를 도는 것보다는 작은 것이 큰 것 주위를 도는 게 더 합당해 보인다는 논리였다.

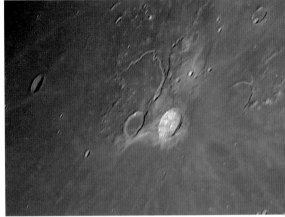

아리스타르코스 크레이터 　　　　　　　　월령 13일 무렵의 아리스타르코스

　그러면 태양이 지구보다 훨씬 크다는 것은 어떻게 알았을까? 아리스타르코스는 반달일 때의 달과 태양 사이의 각도를 측정하여 태양이 달보다 18~20배쯤 멀리 떨어져 있다고 계산했다. 그리고 개기월식의 관측을 통해 지구가 달보다 세 배쯤 큰 것으로 측정했다. 그런데 두 천체의 겉보기 크기가 거의 같으므로 태양이 지구보다 여섯 배 정도 크다고 결론을 내린 것이다. 정밀한 관측장비가 없던 시절, 맨눈으로 측정한 결과이기 때문에 실제와는 큰 오차가 나지만 그 추론 과정은 너무나 명쾌하다. 코페르니쿠스가 지동설 모델을 생각해냈을 때도 어느 정도 영향을 주었다고 하는데, 아리스타르코스의 이론을 직접적으로 차용한 것은 아니고 지구가 움직일 수도 있다는 정도의 영감을 얻었다고 한다.

　아리스타르코스 크레이터는 케플러의 북서쪽, 폭풍우의 대양 가장자리에 위치해 있다. 크기는 40km 정도로 큰 편은 아니지만 달에서 가장 밝은 영역 중 하나여서 눈에 확 띈다. 이 크레이터는 4억 5천만 년 전에 생성되었다고 하는데 마치 엊그제 만들어진 듯 충돌의 흔적이 생생하다. 경사가 급하게 진 안쪽 사면에는 하얀색 얼룩이 드문드문 있어서 마치 발파가 끝나고 먼지가 막 잦아들은 채석장 같은 느낌을 준다.

아리스타르코스의 중심에는 약간 길쭉한 모양의 중심산이 있는데, 가운데 부분이 워낙 밝아서 구별하기가 쉽지는 않다. 크레이터의 외륜도 풍화된 흔적 없이 가장자리가 날카롭게 그대로 유지되고 있으며, 바깥쪽에는 충돌할 때 튀어나온 분출물들이 완만한 경사를 이루고 있다. 끝이 날카롭고 젊은 크레이터답게 잔가지나 나무뿌리가 뻗친 것 같은 가늘고 복잡한 레이가 주변을 가득 채우고 있지만 크레이터 본체가 워낙 밝다 보니 눈에 덜 띈다.

특이한 것은, 아리스타르코스의 레이는 남서쪽에서 시작해서 동쪽을 지나 북동쪽 방향에서 끝나고, 북쪽에서 서쪽 방향으로는 레이가 보이지 않는다는 것이다. 대신에 이 방향에는 여러 특이한 지형들이 몰려 있다. 먼저 아리스타르코스 바로 서쪽에는 그보다 조금 작은 크레이터가 있는데, 바닥이 모두 용암으로 차 있어 대비를 이룬다. 이 크레이터에는 역사학의 아버지인 헤로도투스의 이름이 붙어 있다. 그리고 두 크레이터의 약간 북쪽에서 유명한 슈뢰터 계곡이 시작되는데, 처음에는 북쪽으로, 그리고 북서쪽으로, 종국에는 남서쪽으로 사행하는 장대한 골짜기의 모습도 볼 수 있다.

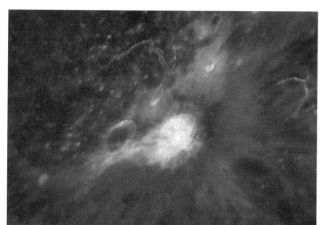

월령 18일 무렵의 아리스타르코스

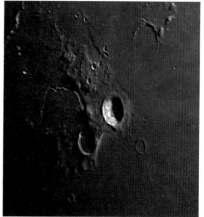

월령 11일 무렵의 아리스타르코스

폭풍우의 대양 위에 핀 패랭이꽃

케플러

요하네스 케플러 Johannes Kepler	케플러 Kepler
1571~1630	8.1°N 38.0°W
독일의 천문학자	29.5km

요하네스 케플러

여기 불행한 사내가 있다. 어머니는 마녀로 몰려 고초를 겪다 죽었고, 첫 번째 부인은 미쳐서, 그리고 아들은 천연두에 걸려 죽었다. 자신도 천연두에 걸려 시력을 거의 잃게 되었다. 어렵게 교수직을 얻었지만 그 지역이 가톨릭 세력에게 점령당한 다음에는 월급도 제대로 받지 못했으며, 열병에 걸린 채 밀린 월급을 받으러 가다가 길거리에서 객사했다. 그의 무덤은 후대에 파헤쳐졌다.

단 하나, 독실한 기독교 신자였던 그에게 신이 허락한 행운은 티코 브라헤의 조수로 들어간 것이었다. 영 성격이 맞지 않았던 주인으로부터 지독한 괄시를 받았지만, 맨눈으로 할 수 있는 모든 천체관측을 끝낸 티코 브라헤의 관측 자료를 얻었고, 과학사 사상 최고의

케플러 크레이터

귀납법적 승리라고 할 만한 법칙 세 개를 발견했다.

　우리는 흔히 혁신적인 관점의 전환을 코페르니쿠스적 전환이라고 한다. 하지만 태양과 지구의 위치를 바꾼 것보다 더욱더 큰 혁명이 있었으니, 그것은 케플러가 등속 원운동 대신 타원궤도를 따라 변화하는 속도로 내달리는 행성들을 천구에 올려놓은 것이었다.

　그러나 케플러는 천체의 운행으로부터 신의 숭고한 뜻을 읽어내고 싶어 했던 중세인이었다. 그가 자신의 가장 위대한 업적으로 생각했던 법칙은 행성 6개의 궤도 간 거리가 오직 5개만 존재하는 정다면체와 관계가 있다는 것이었다. 그러나 이 이론은 어디까지나 행성이 6개만 있다는 전제하에만 성립하는 것이었고, 따라서 윌리엄 허셜이 천왕성을 발견하게 되면서 완전히 부정되었다.

 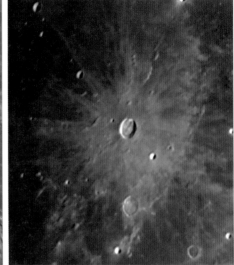

월령 11일 무렵의 케플러　　　　　월령 12일 무렵의 케플러

　케플러의 이름이 붙여진 크레이터는 코페르니쿠스의 서쪽, 폭풍우의 대양 가장자리에 위치한다. 직경이 30km 정도로 코페르니쿠스의 1/3 크기에 불과하지만, 매우 인상적이고 아름다운 레이로 인해 보름달 안에서 티코, 코페르니쿠스와 함께 가장 눈에 잘 띄는 크레이디다. 크레이디 자체는 그리 크지 않은 편이며, 내부에 계단 같은 지형이나 굴곡들을 확인할 수 있다. 전체적인 모양은 동그랗다기보다는 약간 육각형 모양이고, 외륜 바로 바깥쪽에는 충돌로 만들어진 것 같은 굴곡들이 보인다.

　그러나 보름달 무렵이 되면 케플러는 화려하게 변신한다. 레이의 크기와 진하기도 탁월할 뿐 아니라, 크레이터를 둘러싸고 삐죽삐죽하면서도 전체적으로 동그랗게 만들어진 것이 꼭 패랭이꽃 같기도 하고 어릿광대들이 입는 옷의 피에로 칼라 같은 느낌도 든다. 특히 북서쪽으로 4~5가닥의 빛줄기가 뻗어나가는 것이 선명하게 눈에 들어온다.

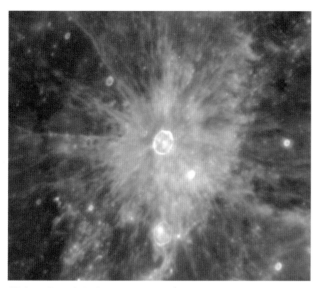

월령 18일 무렵의 케플러

보름달 무렵에 망원경으로 달 표면을 보면 케플러와 코페르니쿠스, 티코의 눈부신 레이 시스템이 아주 인상적이다. 마치 불야성을 이루는 대도시들과 그 도시들을 연결하는 도로망처럼 보인다.

특히 티코의 선명한 레이 시스템 가운데 북서쪽을 향한 한 줄기가 곧장 케플러의 방향으로 향하고 있는 것이 눈에 띈다. 티코의 관측 데이터가 케플러의 주요 업적과 직접적으로 연결되어 있다는 점을 상징적으로 보여주는 것 같은데, 실제로 이름을 붙인 리치올리는 이 점에 착안해서 케플러의 이름을 이 크레이터에 붙였다고 한다.

코페르니쿠스와 케플러 크레이터가 훨씬 더 가깝고 레이 시스템도 좀 더 밀접하게 얽혀 있다는 점을 생각하면, 지동설의 확산에 기여한 이 세 명의 스타 천문학자들의 이름이 자리를 제법 잘 찾아갔다는 생각이 든다.

월면의 귀요미
플램스티드

존 플램스티드 John Flamsteed	플램스티드 Flamsteed
1646~1720	4.5°S 44.3°W
영국의 천문학자	19.3km

플램스티드는 영국 최초의 왕실 천문학자이자 그리니치 천문대의 초대 대장이었다. 3,000개 이상의 별 목록을 작성했으며, 천왕성을 최초로 발견할 뻔했던 사람이기도 하다. 그는 1690년 천왕성을 발견하고 그 이후로도 몇 번의 기록을 더 남겼지만 천천히 움직이는 천왕성을 항성으로 착각하여 '34 Tauri(황소자리 34번 별)'라는 이름을 붙였다. 이 사실은 허셜이 천왕성을 발견한 이후 보데에 의해 확인되었다.

존 플램스티드

그는 장미성운 가운데 있는 산개성단인 NGC 2244도 발견했다. 재능 있는 청년이었던 에드먼드 핼리를 발굴하여 그를 천문학의 길로 인도했지만 중간에 관계가 틀어져 핼리를 곤란하게 만들기도 했다. 하지만 그의 기록들은 핼리와 뉴턴에게까지 이어졌고, 중력 법칙을 입증하는 자료로 활용되었다.

플램스티드의 이름은 폭풍우의 대양 남쪽 한복판에 위치하는데, 단언컨대 달에서 가장 귀여운 크레이터다. 플램스티드 크레이터는 직경 19km의 약간 찌그러진 동그라미 모양으로, 사면의 경사가 급하고 외륜이 선명하며 가운데 중심산의 흔적이 있다.

여기까지만 보자면 특이할 것 없는 평범한 크레이터이지만 시야를 조금만 넓혀보면 느낌이 확 달라진다.

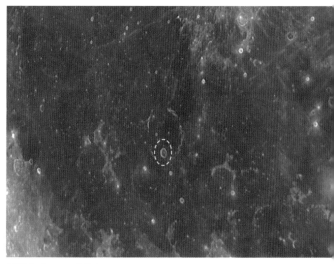

플램스티드 크레이터

플램스티드는 북쪽에 플램스티드 D와 K, 두 작은 위성 크레이터들과 함께 정삼각형을 이루는데, 이 세 크레이터를 직경 120km에 이르는 고스트 크레이터(플램스티드 P)가 둘러싸면서 뺨이 통통하고 이마가 볼록한 아기 얼굴 같은 형상을 이룬다. 북, 서, 남쪽으로 끊어진 고스트 크레이터의 윤곽이 더욱 사람 얼굴 같은 느낌을 주는데, 한쪽이 더 커진 눈과 동그랗게 벌린 입 모양이 뭔가에 깜짝 놀란 것 같은 모습이다.

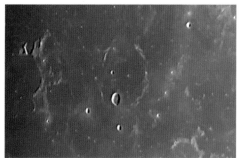

월령 12일 무렵의 플램스티드

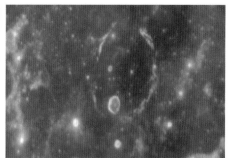

월령 18일 무렵의 플램스티드

거북이 크레이터
가상디

피에르 가상디 Pierre Gassendi	가상디 Gassendi
1592~1655	17.6°S 40.1°W
프랑스의 천문학자	109.6km

피에르 가상디

피에르 가상디는 프랑스의 가톨릭 사제이자 철학자, 천문학자, 수학자이다. 일찌감치 천재로 소문나서 당대에는 데카르트와 어깨를 나란히 했다고 하지만 오늘날 대중적으로 기억되는 업적은 그리 많지 않은 듯하다. 그러나 박해받는 갈릴레오를 보고 물리학자의 길을 접은 데카르트와는 달리, 가상디는 가톨릭 사제임에도 불구하고 갈릴레오와 코페르니쿠스의 편에 서서 이들의 주장을 옹호했다.

가장 눈에 띄는 활약은 지동설에 대한 반론을 실험으로 꺾은 것이다. 지구가 자전한다면 사람도 그것을 느낄 텐데, 왜 우리는 그런 낌새를 눈치채지 못하는가? 지구가 자전한다면 높은 데서 떨어뜨린 물체가 저만큼 뒤로 날아가 떨어지지 왜 똑바로 떨어지겠는가? 이 지극히 상식적인 질문에 대해 가상디

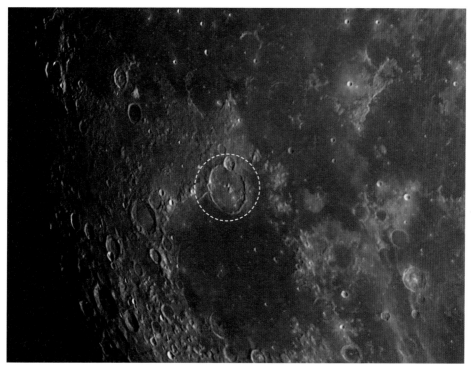

가상디 크레이터

는 직접 바다로 배를 끌고 나가 돛대 꼭대기에서 돌을 떨어뜨리는 실험으로 시원하게
답을 제시했다. 배가 움직이거나 움직이지 않거나 돌은 돛대 바닥에 수직으로 떨어지
는 것을 확인한 가상디는 움직이는 지구 위에 있는 사람들이 경험적으로 지구가 움직
이는지 아닌지를 판단할 수 없다고 결론 내렸다.

이 밖에도 그는 실험을 통해 소리의 속도가 초속 478m(실제와는 다르다)이며 주파
수와 무관하다는 것을 밝혔고, 카메라 옵스큐라를 이용하여 달의 정확한 직경을 쟀
다. 또한 1631년에는 케플러가 예언한 수성의 태양면 통과를 관측했다.

그뿐만 아니라 가상디는 행성의 일면통과를 최초로 관측한 사람이다. 밤하늘을 수
놓는 북극광에 오로라라는 이름을 붙인 것도 가상디라고 하니, 사변보다는 명쾌한 실

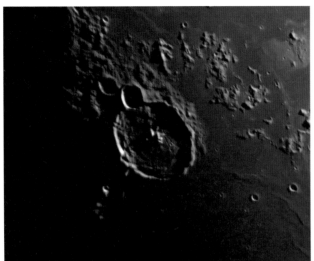

월령 10일 무렵의 가상디

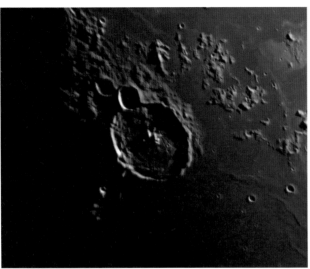

월령 12일 무렵의 가상디

힘으로 근대를 연 선구자 중의 한 명으로 기억하는 것이 더 맞을 듯하다.

가상디 크레이터는 달의 서쪽 습기의 바다 북쪽 가장자리에 있다. 크레이터의 모습은 포시도니우스나 피타투스와 매우 비슷한데, 바다에는 몇 개로 나뉜 중앙산과 복잡한 골짜기의 모습을 볼 수 있다. 마치 눈사람처럼 한쪽 가장자리에 찍혀 있는 위성 크레이터의 모습마저 닮았다.

가상디의 북쪽 외벽에는 가상디 A라는 직경 32km의 크레이터가 정통으로 찍혀 있어서 머리가 아주 작은 눈사람같이 보이는데, 월령을 잘 맞춰 살펴보면 복잡한 내부 지형 때문에 거북이처럼 보인다. 동쪽과 서쪽 외륜은 주변 지형에 비해 꽤 높아 보이지만 남쪽은 매우 낮아서 마치 습기의 바다에서 물이 흘러들 것 같은 느낌이다(물론 달의 바다에는 물이 없다).

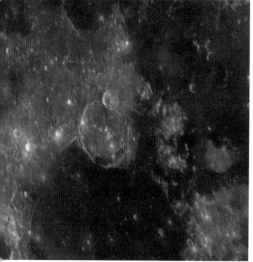

월령 14일 무렵의 가상디

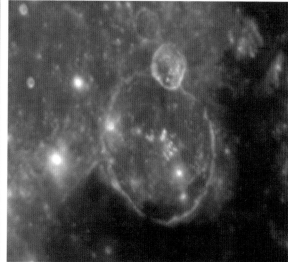

월령 18일 무렵의 가상디

중앙산은 세 덩이나 네 덩이 정도로 나뉘어 보이는데, 크레이터의 중심을 서, 북, 동으로 둥글게 에워싼 것처럼 보인다. 서쪽의 봉우리는 북쪽이나 동쪽의 봉우리보다는 좀 작아 보인다. 크레이터 바닥을 잘 살펴보면 동쪽 3시 방향에서 남쪽 6시 방향 사이의 지역에 깊은 골짜기들이 두세 가닥 이어진 것이 보인다. 남쪽 바닥은 골짜기를 따라 산맥 같은 것이 형성되어 있는 것이 어렴풋이 보인다.

중앙산에서 남서쪽 방향으로 두 개의 작은 크레이터가 찍혀 있는데, 새하얀 레이에 쌓여 있어 비교적 찾아보기가 쉽다. 이렇게 복잡한 내부 구조를 가진 크레이터는 달의 화산 활동과 연관이 있다고 한다. 잘 보이는 시기는 다르지만, 닮은꼴인 포시도니우스와 가상디를 비교하면서 관측해보는 것도 재미있는 경험이 될 것이다.

달 위의 다보탑

비텔로

에라즈무스 치올렉 비텔로 Erazmus Ciolek Witelo	비텔로 Vitello
1210~1285	30.4°S 37.5°W
폴란드의 신학자, 자연철학자	42.5km

비텔로는 폴란드의 수도사이자 신학자, 자연철학자이다. 폴란드 철학사에서 중요한 위치를 차지하는 사람인데, 아랍의 천문학자 알하젠의 책을 바탕으로 쓴 그의 책 〈광학(Perspectiva)〉이 후대에 큰 영향을 주었다. 특히 케플러가 그의 영향을 많이 받

〈광학〉 필사본에 등장하는 비텔로

았다고 한다. 그의 책에는 광학뿐 아니라 원근법에 관한 내용도 나오는데, 이탈리아어로 번역된 이 책은 르네상스 시대의 원근법 이론에 큰 영향을 주었다.

비텔로 크레이터는 습기의 바다 남쪽 가장자리에 위치하는데, 가상디에서 습기의 바다 건너 남쪽편에 있다고 생각하면 찾기 쉽다. 비텔로는 직경 42km로 그렇게 큰 크레이터는 아니지만 모습이 정말 특이하다. 울퉁불퉁한 바닥에서 특히 중심부를 동

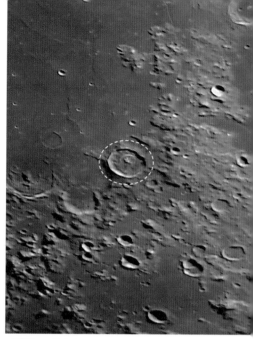

그렇게 감싸고 도는 지형이 있다. 그 안쪽은 주변보다 조금 높아 보이는데, 그 가운데에 크리스마스트리 같은 모양의 중심산이 서 있다. 실제로는 크레이터 바닥에 깊은 단층선이 동그랗게 있고, 중심산의 사면에 골짜기가 깊이 패여 있어 이렇게 보이는 것인데, 처음 보면 '앗, 달 표면에 다보탑이 서 있네!' 하는 느낌을 받는다.

외륜의 윤곽이 아주 선명하고 능선이 날카로워 보이는 것도 비텔로의 특징이다. 태양의 고도가 높아지면 날카로운 외륜과 안쪽의 동그란 단층선, 그리고 별표 모양의 중심산 윤곽이 하얗게

비텔로 크레이터

빛나서 더욱 특이해 보인다. 이렇게 특이한 모습 때문에 어떤 과학자들은 이 지형이 화산 칼데라라고 생각했지만 실제 증거는 찾지 못했다. 그러나 가상디나 포시도니우스 등과 같이 바다의 가장자리에 위치하면서 복잡한 바닥 균열이 있는 크레이터들은 화산 활동과 연관성이 있는 것으로 보고 있다고 하니 비텔로도 그와 비슷한 크레이터가 아닐까 한다.

월령 10일 무렵의 비텔로

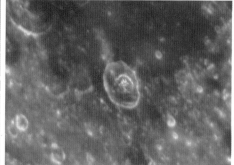

월령 18일 무렵의 비텔로

세 가지 톤의 크레이터
시카드

빌헬름 시카드 Wilhelm Schickard	시카드 Schickard
1592~1635	44.3°S 55.3°W
독일의 천문학자	212.2km

빌헬름 시카드

빌헬름 시카드는 독일의 천문학자이다. 그는 케플러와 친분이 있었는데, 케플러의 복잡한 수식 계산을 돕기 위해 최초로 기계식 계산기를 고안했다고 한다.

최초의 기계식 계산기는 파스칼이 발명했다고 알려져 있는데, 시카드가 1623년과 24년에 케플러에게 보낸 두 통의 편지 속에 자신이 만든 계산기에 대한 스케치가 발견되었다. 이것은 파스칼이 계산기를 제작한 시기보다 대략 20년 정도 앞선 것이다. 그러나 사용하기가 어렵고 고장이 잦아 제대로 쓰이지는 않은 것으로 보인다.

시카드는 당대 최고 수준의 목판, 동판 제작자이기도 했다고 하니 매우 다재다능한 사람이었던 모양이다.

달의 남서쪽 가장자리에 위치한 시카드 크레이터는 직경이 200km가 넘는 거대한 크레이터다. 실제 모습은 제법 동그란 편이지만, 가장자리에 있다 보니 보통은 길쭉한 달걀 모양으로 보인다.

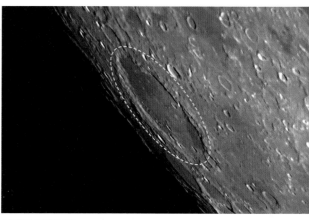

시카드 크레이터

시카드의 외륜은 많이 침식되어 윤곽이 날카롭지 않고 약간 완만한 언덕 같은 형상을 하고 있다. 남쪽 외륜 위에는 제법 큰 크레이터도 찍혀 있지만 대체로 동그란 원형이 잘 유지된 편이다. 바닥에는 남쪽과 서쪽 지역에 위성 크레이터들이 몇 개 보이지만, 전반적으로 용암으로 채워진 평평한 대지다. 그래서 그냥 동그랗게 안쪽으로 꺼진 거대한 분지 같은 느낌이다.

시카드의 가장 특이한 부분은 바닥의 색깔이다. 모두 어두운 용암으로 채워진 것은 맞지만 남동쪽 일부와 북서쪽 지역 대부분이 중앙 부분보다 어두워서 크레이터 바닥이 3등분된 것처럼 보인다. 태양의 고도가 낮을 때는 이 차이가 크게 두드러지지 않지

 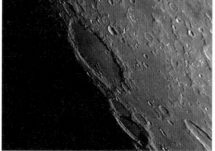

월령 12일 무렵의 시카드 월령 13일 무렵의 시카드

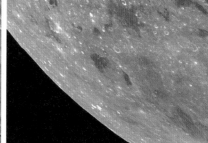

월령 18일 무렵의 시카드

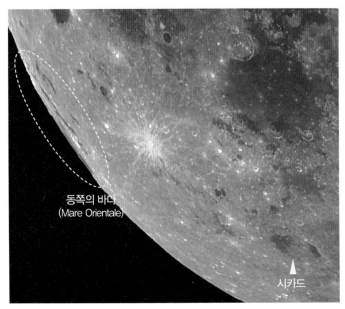

동쪽의 바다
(Mare Orientale)

시카드

동쪽의 바다와 시카드

만, 보름 이후 태양의 고도가 높아지면 부드러운 외륜의 흔적은 지워져버리고 3등분된 바닥의 모습만 눈에 들어오게 된다.

과학자들은 시카드가 이런 특이한 모습을 갖게 된 이유를 달의 앞면과 뒷면 중간에 놓인 동쪽의 바다 (Mare Orientale)에서 찾는다. 동쪽의 바다는 직경이 900km나 되는 거대한 다중고리상 크레이터인데, 달의 바다 가운데 가장 근래에 생긴 것으로 보고 있다. 즉, 이 어마어마한 크레이터를 만든 충돌이 뿜어낸 분출물들이 일대를 모두 하얗게 뒤덮었으며, 검은 용암으로 채워진 시카드의 바닥 역시 그 분출물에 덮인 것이다. 그리고 이후 일어난 용암 분출로 북쪽과 남쪽 일부가 다시 검게 채워져 오늘날의 모습이 된 것이라고 한다.

이 엄청난 충돌의 주인공인 동쪽의 바다는 특이하게도 달의 서쪽에 위치하는데, 이 바다의 이름을 지은 독일의 천문학자 프란츠는 지구의 동쪽 방향을 달의 동쪽으로 보고 이름을 붙였다. 그러나 현대에 들어 어느 행성이든 그 표면에서 볼 때 태양이 떠오르는 쪽을 동쪽으로 하기로 정하게 되면서 달의 서쪽에 '동쪽의 바다'라는 이름을 가진 지형이 생기게 된 것이다. 아쉽게도 동쪽의 바다는 지구상에서는 거의 보이지 않으며, 가장자리의 산맥 일부만을 겨우 볼 수 있다.

짚신벌레 크레이터
실러

율리우스 실러 Julius Schiller	실러 Schiller
1580년경~1627년	51.9°S 39.0°W
독일의 천문학자	179.4km

율리우스 실러는 독일의 법률가로, 최초의 전천성도를 만든 요한 바이어의 직업상의 동료이자 취미도 같은 친구였다. 요한 바이어가 '모든 별무리의 성도(Uranometria omnium asterismorum)'를 만들고 나서 25년이 지난 1627년, 실러는 밤하늘에 있는 별자리들을 모두 기독교의 상징으로 바꾼 '별이 가득한 기독교도의 하늘

실러의 성도. 오리온자리를 성 요셉으로 표현했다.

(Coelum stellatum Christianum)'이라는 성도를 만들었다.

황도 12궁은 예수의 12사도로 바꾸었으며, 백조자리는 예수가 못 박혔던 십자가를 찾았다고 전해지는 성녀 헬레나자리로, 오리온자리는 예수의 양아버지인 성 요셉

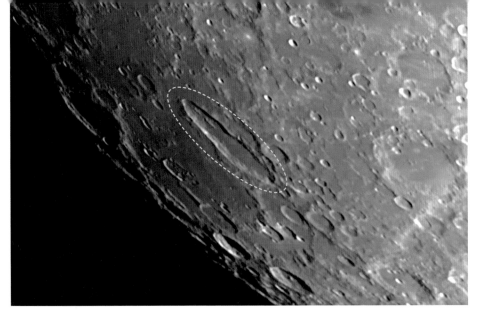

실러 크레이터

자리로 재구성했다. 그 밖의 별자리들도 북반구는 신약에서, 남반구는 구약에서 따온 이미지로 대체했다. 그러나 당대의 천문학자들은 이러한 그의 시도를 받아들이지 않았고, 그의 성도는 머지않아 잊혔다.

그의 아쉬운 업적과는 달리 그 이름은 수많은 달의 크레이터 가운데에서도 매우 특이한 것에 붙어 있다. 실러 크레이터는 달의 남쪽 가장자리에서 약간 서쪽 부근에 있는데, 티코의 남서쪽 방향에 있다. 지구에서 보기에 둥근 구체인 달의 가장자리이다 보니 이 지역의 크레이터들은 대체로 타원형처럼 보이는데, 실러는 실제로 길쭉하게 생긴 크레이터다. 아마도 몇 개의 크레이터가 합쳐진

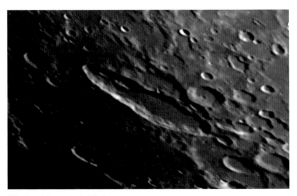

월령 11일 무렵의 실러

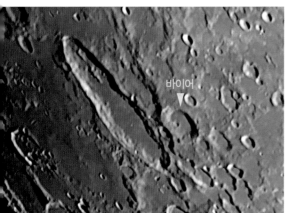

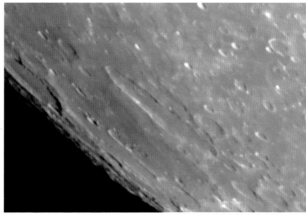

월령 12일 무렵의 실러와 바이어 월령 13일 무렵의 실러

것이 아닌가 싶다.

북서쪽에서 남동쪽 방향의 길이는 179km로, 북동-남서 방향의 길이 71km의 2.5배가 된다. 얼핏 보면 생물 교과서에 나오는 짚신벌레의 모습과 똑 닮았는데, 좀 자세히 살펴보면 중간 부분이 약간 오목해졌다가 다시 넓어진다. 그리고 북서쪽보다 남동쪽의 폭이 조금 더 넓어져서 발자국같이 보이기도 한다.

발뒤꿈치에 해당하는 북서쪽 바닥에는 길쭉한 산줄기 두 개가 한 줄로 서 있으며, 가장자리는 전체적으로 계단처럼 층이 진 구조가 잘 보인다. 12일 이후 보름까지 달의 남쪽에서 가장 특징적인 크레이터 중 하나다. 그의 친구인 바이어의 크레이터도 실러의 동쪽 가장자리에 바로 붙어서 위치해 있다.

달 남극 주변에 도전하자
뉴턴

아이작 뉴턴 Isaac Newton	뉴턴 Newton
1643~1727	76.7°S 16.9°W
영국의 수학자	79km

아이작 뉴턴은 신의 뜻에 따라 모든 천체가 지구를 중심으로 완벽한 원운동을 한다는 우주론이 부정된 이후 그 빈자리를 채워준 불세출의 천재다. 갈릴레이가 죽은 다음 해에 뉴턴이 태어났다는 사실은 자못 의미심장해 보이지만, 갈릴레이가 혁명을 의도했던 것이 아닌 것처럼 뉴턴도 새로운 세계관을 제시하려한 것이 아니었다. 다만 인지된 증거들을 토대로 이를 설명하고 예측하기 위한 가정과 전제를 상정하고, 이를 바탕으로 계산을 통해 물체의 운동을 완벽하게 예측할 수 있음을 보여준 것뿐이었다.

아이작 뉴턴

그 전제된 가정은 크게 관성의 법칙과 보편중력 두 가지였는데, 이 두 개념은 당시의 관점에서는 이해할 수 없는 것이었다. 관성의 법칙은 경험적 관찰 결과에 부합하지 않으며(지구상에서 한 번 움직이면 계속 움직이는 그런 물체는 없다), 보편 중력은 그 작용의 기제를 설명할 길이 없었다. 미적분의 창시자 자리를 두고 라이벌 관계였던 라이프니츠는 보편 중력 개념을 두고 마법과 같은 원격작용을 과학에 도입했다며 비난했다.

그러나 뉴턴은 현명하게도 이러한 개념에 대해 그것이 '실제로 무엇인지' 설명하지 않고, 도구적인 관점에서 오로지 이를 바탕으로 어떻게 결과를 예측할 수 있는지에 대해서만 설명했다. 결과는 대성공이었고, 우리는 설정된 초기값에 따라 기계적으로 작동하는 시계 같은 우주 속에 살게 되었다.

상대성이론과 양자역학으로 인해 뉴턴의 이론이 부정된 오늘날에도 우리는 여전히 절대적인 시간과 공

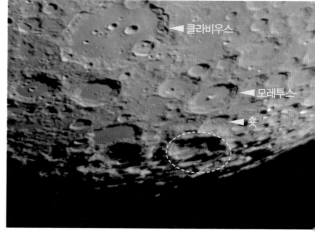

뉴턴 크레이터

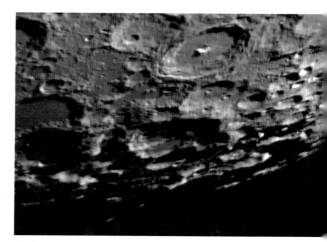

월령 10일 무렵의 뉴턴

간 안에서 톱니바퀴처럼 맞아들어가는 세상에 편안함을 느낀다. 갈릴레이와 동시대 사람들 대부분이 지구를 중심으로 원운동 하는 천구에 편안함을 느꼈듯이 말이다.

위대한 업적에도 불구하고, 뉴턴은 선대 과학자들이 주요 크레이터를 선점한 이

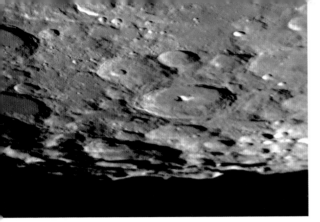

월령 13일 무렵의 뉴턴

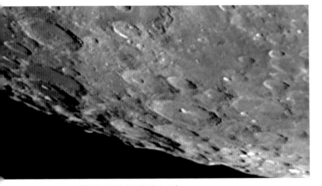

월령 12일 무렵의 뉴턴

후에나 기회를 얻을 수 있었기 때문에 상당히 찾기 어려운 곳에 자리를 잡게 되었다. 뉴턴 크레이터는 남위 76도에 위치하고 있어서 칭동 현상의 영향을 심하게 받는데, 보름 이후에는 거의 보이지 않기 때문에 보름 며칠 전의 시기를 잘 노려야 그 모습을 확인할 수 있다. 게다가 이 지역은 무수한 크레이터들이 집중되어 있어 익숙한 크레이터에서부터 하나씩 지형들을 짚어가며 차근차근 찾아야 알아볼 수 있다.

우선 클라비우스의 남쪽에 보면 매우 선명한 중앙산을 가진 모레투스라는 크레이터를 찾을 수 있다. 그 아래에는 내부에 작은 크레이터가 하나 찍힌 숏이라는 크레이터가 있는데, 뉴턴은 이 숏의 남서쪽에 위치한다. 워낙 가장자리에 있다 보니 납작하게 보이는데다가, 크레이터 자체가 비슷한 크기의 크레이터 여러 개가 겹친 것이라 그 모습을 정확하게 알아보기가 어렵다.

크레이터 내부에는 중심산이 있지만 뉴턴과 북동쪽 외륜을 공유하는 위성 크레이터 뉴턴 D의 벽이 중심산에 겹쳐 있어서 잘 보이지 않는다. 또한 바로 뒤에 뉴턴 G, A가 연달아 겹쳐 있어서 크레이터가 아니라 산의 능선이 여러 겹 있는 것처럼 보인다. 위치상 자세한 내부 관찰은 어렵지만 위치를 찾아보는 것만으로도 재미있는, 도전해 볼 만한 크레이터다. 뉴턴은 지구에서 볼 수 있는 가장 깊은 크레이터이기도 한데, 깊이가 6km가 넘는다고 한다.

월령 14~15일

이제 달은 밤의 지배자다. 달은 눈이 부시게 밝고, 월면의 중앙은 복잡한 레이들로 가득하며, 크레이터들은 그 모습을 확인하기가 어렵다. 하지만 이때야말로 달의 가장자리에 숨어 있는 특징적인 크레이터와 지형을 확인하기 좋은 시기다.

1. 피타고라스 2. 갈릴레이 3. 마리우스 4. 리치올리 5. 그리말디 6. 비르기우스

7. 바르겐틴 8. 바이

날카로운 중심산

피타고라스

사모스의 피타고라스 Pythagoras of Samos	피타고라스 Pythagoras
B.C. 570년경~495년경	63.5°N 63.0°W
그리스의 철학자, 수학자	130km

$E = MC^2$과 더불어 가장 유명한 공식이자 수학을 상징하는 '피타고라스의 정리 $A^2 + B^2 = C^2$'의 주인공이다. 그가 이 공식을 최초로 발견한 것인지에 대해서는 다소 논란이 있지만, 여러 역사적 사료를 살펴보건대 이 공식과 피타고라스와의 연관성은 분명해 보인다.

피타고라스

그러나 실은 이 유명한 공식의 발견보다 이 공식을 통해 제곱해서 2가 되는 정수나 분수가 없다는 사실, 즉 무리수라는 것이 존재한다는 사실을 발견한 것이 피타고라스 학파의 보다 중요한 업적이라고 할 수 있다. 아이러니하게도 이것은 이 세상의 모든 수가 자연수의 비로 나타낼 수 있다는 피타고라스 학파의 믿음을 정면으로 반박하는 것이었기 때문에 그들은 이 사실을 은폐하려 했으며, 심지어 발견자인

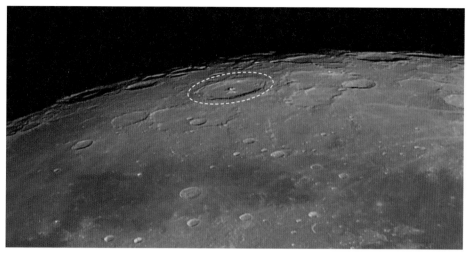

피타고라스 크레이터

히파수스를 살해했다는 설까지 전해지고 있다.

피타고라스 자신은 탈레스와 아낙시만드로스와 같은 고대의 철학자를 직접 사사했으며, 이후 오랜 시간 이집트와 바빌로니아 지역에서 머무르며 고대의 방대한 지식을 섭렵했다고 전해진다. 하지만 어찌 된 일인지 그의 철학적 사상이나 과학적 지식보다는 독특한 생활 규칙이나 비밀결사의 전통이 더 두드러져 학술적 전통이라기보다는 종교 집단에 더 가까운 이미지로 오늘날에 전해진다. 그러나 현대과학에서 수학적 접근의 중요성을 생각해볼 때 만물의 근원이 수이며, 현실을 이해할 수 있는 규칙을 수에서 찾을 수 있다는 그의 통찰은 오늘날 더욱 찬란하다.

피타고라스의 크레이터는 달의 북쪽 가장자리, 피타고라스 학파의 일원으로 유명한 필로라우스의 남쪽에 위치한다. 달의 방위상 남쪽이라고 하지만, 실제 느낌은 그냥 서쪽으로 쭉 가다 보면 나온다. 피타고라스는 직경이 130km에 달하는 장대한 크레이터로, 위성사진을 통해서 보면 크레이터 안쪽 사면이 겹겹이 계단처럼 층이 진

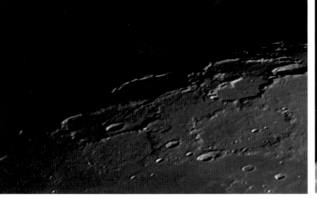

월령 12일 무렵의 피타고라스

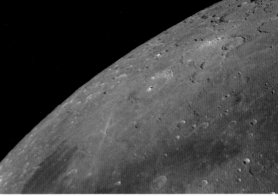

월령 20일 무렵의 피타고라스

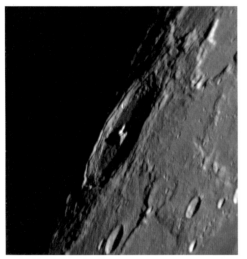

월령 13일 무렵의 피타고라스

멋진 모습을 볼 수 있다. 하지만 지구에서 보면 사선으로 바라볼 수밖에 없기 때문에 우리가 볼 수 있는 모습은 좌우로 길고 납작한 모습이다. 서쪽 외륜의 안쪽 사면은 촘촘하게 층이 진 모습을 잘 볼 수 있지만 나머지 사면 안쪽은 지구에서는 볼 수 없다. 대신에 크레이터의 북, 동, 남쪽 바깥쪽에 수북히 쌓여 있는 충돌 분출물의 지형들을 잘 살펴볼 수 있다.

피타고라스 크레이터에서 가장 눈길을 끄는 것은 날카롭게 솟아오른 중앙산이다. 피타고라스의 삼조를 상징하듯 세 개의 봉우리로 이루어져 있지만 지구에서 볼 때는 모두 겹쳐 보여 하나의 산처럼 보인다. 월령 13일 무렵, 피타고라스의 동쪽 외륜을 넘어 떠오르는 태양빛에 비치는 날카로운 산자락의 윤곽과 그 뒤로 이어지는 긴 그림자는 정말 인상적이다. 세상에서 가장 유명한 공식의 주인공인 피타고라스에 걸맞은 형상의 중심산이다.

운명의 장난이 붙여준 이름
갈릴레이

갈릴레오 갈릴레이 Galileo Galilei	갈릴레이 Galilaei
1564~1642	10.5°N 62.7°W
이탈리아의 천문학자	16km

갈릴레오 갈릴레이

갈릴레이는 망원경으로 천체를 관측하여 지구 위에서는 입증할 수 없었던 지동설의 명백한 근거를 찾아내고, 마침내 지동설의 승리를 굳힌 과학사의 영웅이자 혁명가다. 그는 지금의 기준에서 보자면 장난감 수준에 불과한 작은 망원경으로 달의 크레이터와 목성의 위성, 태양의 흑점, 달처럼 차고 이지러지는 금성의 모습, 토성의 고리, 은하수를 이루는 무수한 별들을 발견했다.

그러나 널리 알려진 바와 같이 그의 놀라운 발견에 대해 세상은 당혹스러워했으며, 교황과 절친이었음에도 불구하고 종교재판을 받고 유폐되는 곤경에 빠지고 말았다. 사후 350년 가까이 지난 1981년이 돼서야 교황 요한 바오로 2세가 공식적으로 잘못을 시인함으로써 비로소 성경을 부정했다는 누명을

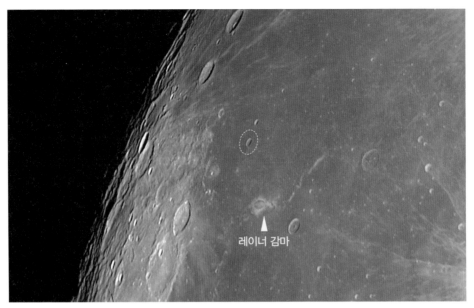

레이너 감마

갈릴레이 크레이터와 레이너 감마

벗을 수 있었다. 오래전에 권위를 잃은 판결이긴 하지만, 닫힌 세계관에 대한 비판이 그토록 위대한 신을 모독하지 않는다는 갈릴레이의 항변을 뒤늦게나마 받아들인 것은 다행스러운 일이다.

크레이터가 아니라 달의 바다 중 하나에 그 이름을 붙였어도 과하지 않았을 이 영웅의 이름은 어이없게도 달의 서북쪽 귀퉁이에 있는 직경 16km짜리 작은 크레이터에 초라하게 붙어 있다. 눈에 띄는 중심산이나 레이도 없는 이 평범한 사발 모양의 크레이터에 갈릴레이의 이름이 붙게 된 것은 순전히 우연에 의한 것이었다.

맨 처음 갈릴레이의 이름을 달에 올린 사람은 리치올리였는데, 다른 지동설 지지자들과 함께 갈릴레이의 이름도 폭풍우의 대양에 있는 지형에 이름을 붙여놓았다. 그런데 어떤 이유에선지 그의 이름이 붙은 곳은 크레이터가 아닌 오늘날 레이너 감마라고 불리는 달의 흰 얼룩무늬였다. 후대에 뢰들러라는 달 지도 제작자가 정리를 하면서 그곳이 크레이터가 아님을 알고 그냥 주변에 가장 가까운 이름 없는 크레이터에다 갈릴레이의 이름을 붙여버렸다. 게다가 이탈리아 사람인 갈릴레이의 이름을 라틴어로 바꿨다가(원래대로라면 갈릴레우스가 되어야 했다) 독일어로 바꾸는 과정에서 이름의 철자까지 변형되어 Galilaei로 붙여지는 딱한 일이 벌어지게 된 것이다.

하지만 갈릴레이의 이름이 최초로 붙었던 달의 흰 무늬는 달 표면에서도 가장 신비로운 지역 중 하나다. 갈릴레이의 이름이 주변의 다른 크레이터로 옮겨붙은 후 이 지형은 동쪽 가까이에 있는 동그랗고 선명한 크레이터인 레이너의 이름을 빌려와서 오늘날 레이너 감마라고 불린다. 레이너 크레이터는 갈릴레이의 친구이자 제자였던 빈센티오 레이니에리의 이름을 붙인 것이다.

아리스타르코스와 그

월령 13일 무렵의 갈릴레이

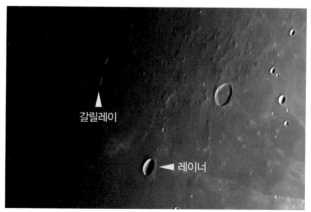

월령 12일 무렵의 갈릴레이와 레이너 크레이터

리말디 사이에 자리 잡은 이 지역은 검은 용암으로 채워진 폭풍우의 대양 바닥에 하얀색 얼룩무늬가 마치 에스프레소 샷 위에 부은 크림처럼 보인다. 전체적인 모양은 갑오징어를 닮았는데, 동서로 길쭉한 타원형 무늬가 몸체를 이루고, 그 오른쪽에 짧은 다리들과 북동쪽 방향으로 길게 뻗어 나간 촉완 같은 흰색 무늬가 영락없이 갑오징어다. 놀라운 것은 이 부분이 특별한 지형지물이 있는 것이 아니라 그냥 흰색의 무늬라는 것이다.

이러한 무늬가 생긴 이유는 아직까지 제대로 밝혀지지 않았다. 다만 우주선 탐사 과정에서 이 지역의 자기장 강도가 다른 지역에 비해 매우 높은 것으로 나타나 이러한 자기장과 관련이 있는 것으로 생각하고 있을 뿐이다.

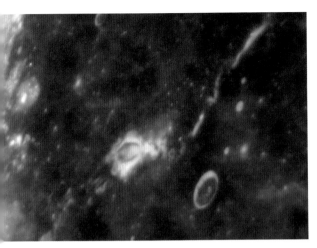

월령 18일 무렵의 레이너 감마

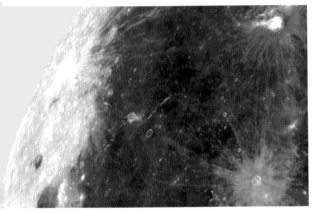

월령 20일 무렵의 레이너 감마

달의 다른 곳에도 이와 유사한 무늬가 나타나는데, 이러한 곳을 일컬어 '루나 스월'이라고 부른다. 아쉽게도 레이너 감마 이외의 주요한 루나 스월들은 달의 뒷면에 있어서 지구에서는 관측할 수가 없다.

루나 돔이 모인 곳
마리우스

시몬 마리우스 Simon Marius	마리우스 Marius
1570~1624	11.9°N 50.8°W
독일의 천문학자	40.1km

시몬 마리우스

시몬 마리우스는 갈릴레이와 같은 시대를 살았던 독일의 천문학자다. 당시 과학계에서는 갈릴레이가 워낙 논란의 중심에 있던 사람이다 보니 지지자도 많고 적도 많았는데, 마리우스는 갈릴레이와 깊은 갈등 관계에 있었던 사람이다.

여러 다툼 가운데에서 가장 치열했던 것은 목성의 4대 위성에 관한 것이었다. 1614년 마리우스는 자신이 갈릴레이에 앞서 목성의 4대 위성을 발견했노라고 주장했고, 화가 난 갈릴레이는 마리우스가 자신을 표절한 것이라고 몰아붙였다.

이 싸움의 결과는 지금 우리가 알고 있는 바와 같이 갈릴레이의 승리로 끝났다. 여러 증거들을 볼 때 갈릴레이가 며칠 일찍 목성의 위성을 발견한 것으로 보인다. 하지

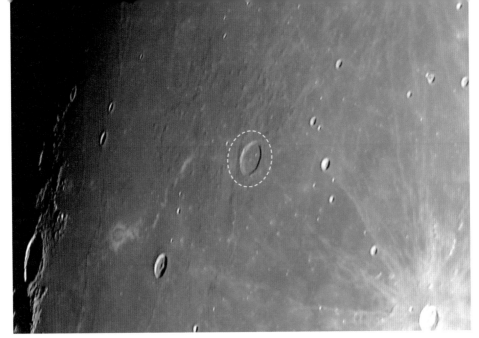

마리우스 크레이터

만 아쉬운 패배자 마리우스의 업적은 갈릴레이 4대 위성에 그대로 남아 있다. 이오,
에우로파, 가니메데, 칼리스토라는 이름을 붙인 이가 바로 마리우스다.

깊은 악연에도 불구하고 마리우스의 크레이터는 갈릴레이의 크레이터에서 그리
멀지 않은 곳에 있다. 마리우스 크레이터는 케플러와 갈릴레이 사이에 위치하는데,
레이너 감마의 동쪽 끝부분에 있는 크레이터라고 생각하면 찾기 쉽다. 크기는 40km
정도로 대형 크레이터는 아니지만, 비의 바다와 폭풍우의 대양 사이 크레이터가 드문
곳에 위치하기 때문에 찾기가 어렵지 않다.

마리우스는 외륜이 아주 동그란 편이라서 눈에 잘 띈다. 내부는 용암이 채워져서 평
평하며, 바닥에 작은 크레이터 한두 개가 간신히 눈에 띈다. 외륜 내벽은 무너져내려
층이 진 모습을 볼 수 있으며, 바깥쪽에는 충돌 시 분출된 물질들이 쌓여 언덕이 만들
어져 있다.

마리우스 부근에서 꼭 살펴봐야 할 곳은 북쪽에서 서쪽 방향에 바글바글하게 모여

있는 작은 언덕들이다. 루나 돔(Lunar Dome)이라고 불리는 이 지형은 다름 아닌 달의 순상화산들이다. 이러한 루나 돔들은 달의 곳곳에서 발견되지만 이 지역처럼 넓은 지역에 이렇게 많은 루나 돔이 집중된 곳은 없다. 그래서 터미네이터에 걸리는 시기에 이 지역을 보면 마치 여드름이나 발진으로 뒤집어진 피부처럼 보여 조금 징그럽기까지 하다.

마리우스에서 살펴봐야 할 또 다른 지형은 주위를 복잡하게 감싸고 있는 리지들이다. 리지는 지각이 냉각 수축되면서 생기는 길고 완만한 산맥 같은 지형인데, 아마도 마그마로 가득 찬 폭풍우의 대양이 식으면서 형성되었을 이 지형은 루나 돔과 함께 이 지역의 큰 특징이다.

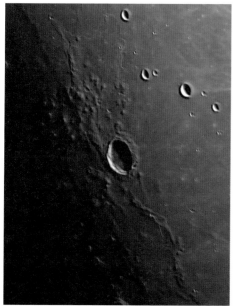
월령 12일 무렵의 마리우스와 루나 돔, 리지

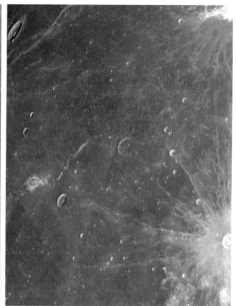
월령 20일 무렵의 마리우스

현대 크레이터 이름의 아버지
리치올리

지오반니 바티스타 리치올리 Giovanni Battista Riccioli	리치올리 Riccioli
1598~1671	3.3°S 74.6°W
이탈리아의 천문학자	155.7km

지오반니 바티스타 리치올리

리치올리는 이탈리아의 예수회 사제이자 천문학자다. 갈릴레이보다 한 세대 정도 뒤의 사람으로, 1초에 한 번씩 흔들리는 진자를 만들고자 정오에서 다음날 정오까지 진자가 실제 흔들리는 횟수를 8만 6천 번 이상, 그것도 두 번이나 측정한 일화가 전해지는 꼼꼼한 과학자다. 티코의 우주론을 지지했지만, 그가 보여준 실험정신은 리치올리가 갈릴레이와 같은 근대인임을 입증한다.

리치올리의 업적 가운데 가장 널리, 그리고 오래 이어지는 것은 바로 달 크레이터의 이름이다. 리치올리는 1651년 달의 크레이터에 체계적인 이름을 붙였는데, 이 이름들은 상당수가 오늘날까지 그대로 사용된다.

그는 〈알마게스트 노붐(Almagest Novum)〉이라는 백과사전 수준의 천문학 서적을 발간했는데, 이 책에 자신의 달 지도를 포함시켰다. 그는 나름대로 원칙을 가지고 크레이터에 이름을 붙였다. 먼저 달을 피자 자르 듯 8조각으로 나누고 12시 방향부터 시계 방향으로 공통점이 있는 사람들을 모아서 이름을 붙였는데, 이전의 달 지도들과 달리 과학과 관련 있는 사람들의 이름을 이용했다.

첫 번째와 두 번째 구역에는 고대의 천문학자들과 천체물리학자들을 배치하고, 나머지 고대인들은 3, 4번 지역에 배치했다. 그리고 후대의 천문학자들은 5, 6, 7, 8번 지역에 순서대로 배치했다. 유명인의 이름이 붙은 크레이터 주변에 관련 있는 인물의 크레이터들이 있는 것은 바로 이러한 명명법 때문이다.

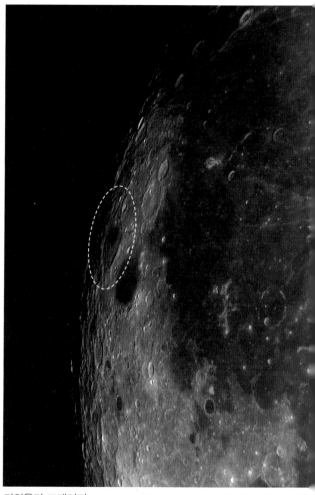

리치올리 크레이터

한편 더 이상 천동설을 고수할 수 없음을 알고 있던 그는 천동설 대신 티코의 우주론을 지지했다. 그는 달 전체에 화려한 레이를 드리운 크레이터에 '브라헤'라는 이름을 붙였다. 바로 티코 브라헤이다. 그리고 지동설 지지자들이었던 코페르니쿠스와

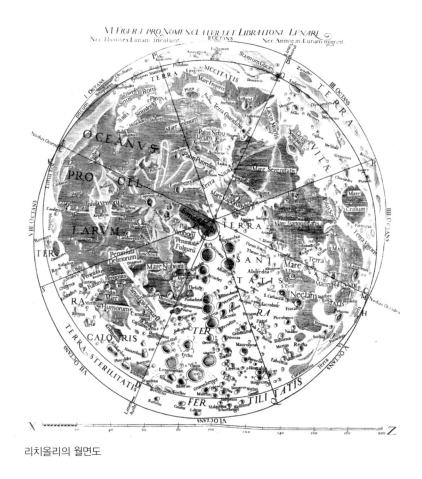

리치올리의 월면도

케플러, 아리스타르코스, 갈릴레이 등은 달의 북서쪽 외딴곳에 "던져버렸다"고 설명했다.

그러나 그런 심술궂은 마음으로 이름을 붙였다기에는 지동설 지지자들의 크레이터는 너무 멋지다. 이 크레이터들은 티코에 못지않은 레이 시스템으로 달을 뒤덮고 있으며, 특히 티코에서 뻗어나온 레이가 케플러에게도 이어지고 있다는 것은 의미심장하다. 자신이 지지하건 아니건 그들의 업적을 인정하고 있었음을 유추해볼 수 있는 대목이라고 하겠다.

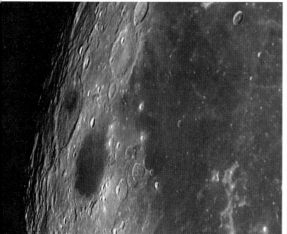 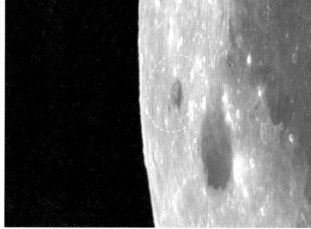

월령 14일 무렵의 리치올리   월령 20일 무렵의 리치올리

리치올리 크레이터는 달의 거의 정서쪽 가장자리에 있다. 크기가 155km가 넘는 커다란 크레이터지만 외벽이 그다지 두드러지지 않는데다 청동 대역에 있어서 보름 직전에 보지 않으면 금방 밝은 태양빛 아래 지워져버린다.

다행인 것은 달에서 가장 어두운 지형인 그리말디의 바로 서쪽에 붙어 있어서 찾기가 어렵지는 않다는 것이다. 게다가 리치올리의 바닥에 용암이 검게 채워진 부분이 있어서 보름 이후에도 위치를 확인할 수는 있다.

전체적인 느낌은 J. 허셜 같은 크레이터와 비슷하다. 매우 크고 얕으며, 바닥은 약간 거칠어 보이고, 중심에서 약간 북쪽으로 용암이 채워져서 흡사 말라가는 호수 같은 느낌을 준다. 중앙산이나 그 밖에 내부의 지형은 눈에 잘 띄지 않는다. 우주선에서 촬영한 사진을 보면 중앙산의 흔적과 골짜기들을 확인할 수 있지만, 달의 가장자리에 위치해서 이를 제대로 식별하기는 좀 어렵다. 외벽도 여기저기 많이 갈라져 있어서 생성된 지 오래된 크레이터라는 것을 알 수 있다.

서쪽의 어둠
그리말디

프란체스코 마리아 그리말디 Francesco Maria Grimaldi	그리말디 Grimaldi
1618~1663	5.5°S 68.3°W
이탈리아의 물리학자	173.5km

프란체스코 마리아 그리말디

그리말디는 이탈리아의 수학자이자 물리학자이다. 그는 예수회 사제로 볼로냐 대학에서 학생들을 가르쳤다. 빛의 회절 현상을 발견한 사람으로 가장 널리 알려져 있으며, 이후 광학 분야의 발전에 커다란 기여를 했다고 전해진다. 그는 월면의 연구에도 커다란 업적을 남겼는데, 리치올리가 쓴 책 〈알마게스트 노붐〉에 수록된 달 지도를 그린 사람이 바로 그리말디이다.

리치올리가 명명하여 오늘날 사용되고 있는 달의 명칭 대부분은 그리말디의 달 지도를 바탕으로 붙여진 것이다. 리치올리의 유명한 자유낙하 실험과 진자의 진동주기 측정 작업도 그리말디와 함께했다고 하니 둘은 아마도 절친이었던 모양이다. 오늘날 레이너 감마라고

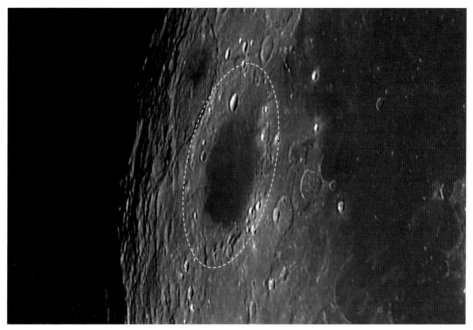

그리말디 크레이터

불리는 흰 얼룩을 크레이터로 잘못 표기한 탓에 갈릴레이의 이름이 엉뚱한 곳에 붙여지는 해프닝이 벌어지기는 했지만, 그리말디는 리치올리와 함께 근대를 열어갔던 과학자 중의 한 명으로 기억해야 할 것이다.

그리말디 크레이터는 절친이었던 리치올리의 바로 남동쪽 아래에 딱 붙어 있다. 크기가 무려 173km나 되는 거대한 크레이터지만, 위치상으로 볼 때는 달의 서쪽 가장자리에 있어서 관측이 용이하지는 않다. 가까이 있는 리치올리처럼 관측하기 좋은 시기는 금방 지나가버리고, 밝은 태양빛에 그리말디의 윤곽은 지워져버린다. 그러나 리치올리와는 달리 그리말디는 바닥 전체가 검은색 용암으로 가득 채워져 있어서 보름 이후 새하얗게 빛나는 달의 서쪽 부분에서 새카맣게 두드러져 보인다.

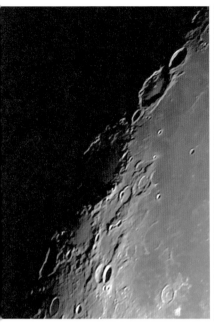 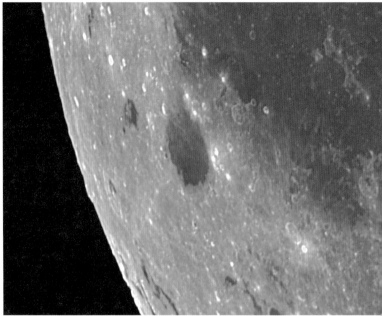

월령 13일 무렵의 그리말디   월령 19일 무렵의 그리말디

　그리말디를 좀 더 자세히 살펴보면 검은색 크레이터 밖으로 희미하게 외륜의 윤곽
이 빙 둘러쳐져 있음을 알 수 있다. 실제로 그리말디는 직경이 200km를 훌쩍 넘은 다
중고리상 크레이터의 안쪽 부분이다. 보름 직전 날짜를 잘 맞춰 다중고리 크레이터의
면모를 보여주는 그리말디를 관측해보는 것도 재미있을 것이다.

서쪽의 빛
비르기우스

요스트 뷔르기 Jost Bürgi	비르기우스 Byrgius
1552~1632	24.7˚S 65.3˚W
스위스의 공학자	87km

요스트 뷔르기

비르기우스는 스위스 출신의 시계 제작자로, 여러 천문학자들의 관측기구를 제작했던 것으로 유명하다. 특별한 교육을 받은 것은 아니지만 당대 최고의 기술자로 이름이 높았는데, 그를 고용했던 헤센카셀의 영주 빌헬름 4세는 비르기우스를 제2의 아르키메데스라고 추켜세웠다고 한다. 그가 만든 천구의와 시계는 오늘날까지 남아 있다.

그가 잠시 프라하에 머물렀을 때 케플러와 친분을 쌓고 함께 일하기도 했으며, 케플러의 육분의도 만들었다고 한다. 또한 공식적으로 수학교육을 받은 적이 없음에도 불구하고 네이피어와는 별개로 로그표와 유사한 테이블을 만들었다. 일부 학자들은 그가 네이피어보다 먼저 로그표를 만들었다고 주장하기도 한다. 이를

비르기우스 크레이터

보면 비르기우스는 수학과 기술에 타고난 재능을 가졌던 사람임은 분명하다.

비르기우스 크레이터는 달의 서쪽 가장자리에 위치하는데, 가상디에서 서쪽으로 한참을 간 곳에 위치한다. 직경이 85km로 상당히 큰 편이지만 내부에 특별한 지형은 보이지 않는다. 하지만 비르기우스에는 비장의 카드가 하나 있으니, 바로 동쪽 외륜 위에 찍혀 있는 위성 크레이터 비르기우스 A가 그것이다. 비르기우스 A는 정말 눈부신 레이를 가지고 있는데, 달의 남서부에서 가장 밝을 뿐 아니라 가닥가닥 갈라져 뻗어나가는 빛줄기가 매우 선명해서 대단히 눈에 잘 띈다.

레이는 방사상으로 고르게 뻗어나가 있지만, 특히 서쪽 지평선 쪽으로 두 줄기의 레이가 리본처럼 길게 뻗어 있는 것이 매우 인상적이다. 그래서 보름 무렵부터 거의 그믐 근처까지 비교적 쉽게 비르기우스를 찾을 수 있다. 다만 비르기우스 자체는 내부

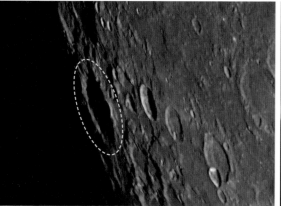

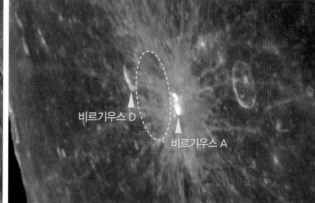

비르기우스 D

비르기우스 A

월령 13일 무렵의 비르기우스   월령 18일 무렵의 비르기우스

지형도 밋밋하고, 비르기우스 A의 레이가 크레이터 전체를 뒤덮고 있어서 특징이 잘 보이지 않는다. 자세히 보면 비르기우스의 북서쪽 외륜 바로 바깥쪽에 큼직한 위성 크레이터인 비르기우스 D가 보이는데, 그것이 특징이라면 특징일 수 있겠다.

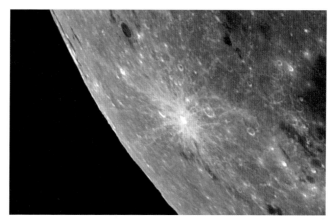

월령 20일 무렵의 비르기우스

팬케이크 크레이터

바르겐틴

페르 빌헬름 바르겐틴 Pehr Vilhelm Wargentin	바르겐틴 Wargentin
1717~1783	49.6°S 60.2°W
스웨덴의 천문학자	84.6km

페르 빌헬름 바르겐틴

바르겐틴은 스웨덴의 천문학자다. 12살 때 처음 본 월식에 매료되어 천문학에 관심을 갖게 되었는데, 그의 초등학교 선생님이 그가 바로 대학에 입학할 것을 추천할 정도로 명석한 학생이었다고 한다. 웁살라대학에서 천문학으로 박사학위를 취득했으며, 목성의 위성을 연구했다. 그는 스웨덴 왕립과학원 서기와 스톡홀름 천문대 초대 대장을 역임하는 등 당대 스웨덴 과학계의 중요 인물 중 하나였다.

바르겐틴 크레이터는 시카드의 바로 아래에 위치한다. 달의 방위로 보았을 때는 남서쪽 방향이지만, 극 쪽에 가깝기 때문에 실제로는 바로 아래에 붙어 있는 것처럼 보인다. 크기는 84km로 상당히 큰 편이지만 위치가 달 가장자리이다 보니 쉽게 간과되

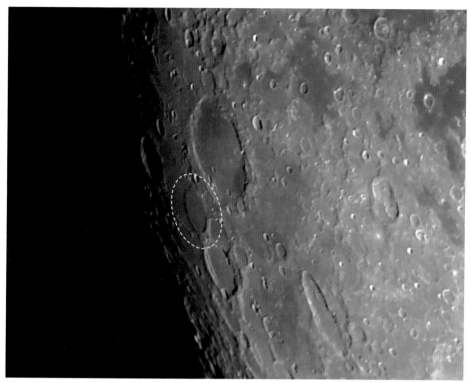

바르겐틴 크레이터

는 편이다. 그러나 바르겐틴은 달에서도 매우 특이한 지형에 속한다. 보통 크레이터라 하면 외륜은 주변보다 높고 바닥은 주변보다 낮게 움푹 파여 있는데, 바르겐틴은 반대로 땅이 동그랗게 돋워진 것처럼 보인다.

주변보다 높은 크레이터라니 좀 이상하게 들리겠지만, 여기엔 신기한 내력이 숨어 있다. 다른 크레이터와는 달리 바르겐틴을 이루는 외륜은 한쪽 절반이 반대쪽 절반보다 더 높은데, 이런 지형의 밑바닥에서 용암이 솟구쳐서 딱 낮은 쪽 외륜 높이까지만 채우고 분출이 멈춘 것이다. 그래서 바르겐틴의 한쪽은 주변보다 낮지만 반대쪽은 주변보다 높은 특이한 지형이 된 것이다.

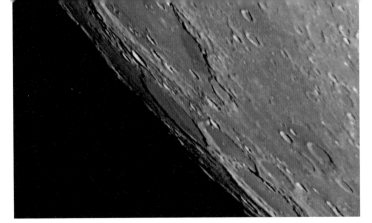

월령 13일 무렵의 바르겐틴

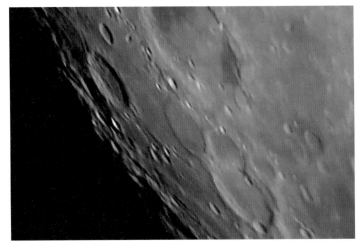

월령 12일 무렵의 바르겐틴

또한 용암이 채운 지형임에도 불구하고 시카드와 마찬가지로 동쪽의 바다가 생성될 때 쏟아진 분출물에 덮여 비교적 밝은 톤을 하고 있다. 80km가 넘는 직경에 비해 높이는 그다지 높지 않고 밝은색을 띤 이 지형을 망원경으로 보면 거대한 시카드 옆에 붙은 납작한 팬케이크처럼 보인다.

숨어 있는 넘버 원
바이

장 실뱅 바이 Jean Sylvain Bailly	바이 Bailly
1736~1793	66.5°S 69.1°W
프랑스의 천문학자, 정치가	300.6km

장 실뱅 바이

장 실뱅 바이는 프랑스의 천문학자다. 프랑스의 유명한 천문학자 라카유의 제자로 핼리혜성의 궤도를 계산했고, 목성 위성의 밝기에 대한 논문도 썼다고 전해진다. 그러나 그는 천문학자보다는 정치가로서 더 큰 흔적을 남겼다.

그는 프랑스혁명 초기의 지도자로 테니스코트의 서약을 이끌었고, 국민회의 의장을 맡았다. 파리의 시장직도 역임했다고 한다. 그러나 1791년 7월 마르스 광장의 폭동을 무력으로 진압하도록 한 일 때문에 인기를 잃고 공직에 물러났다가 로베스피에르가 집권한 공포정치 시기에 체포되어 단두대에서 처형당했다.

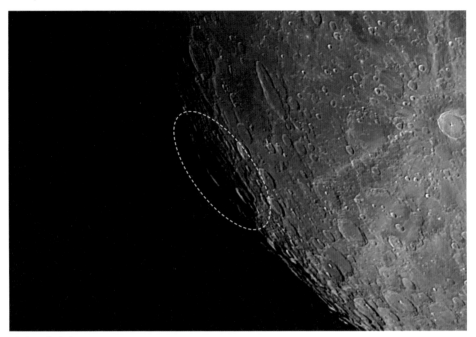

바이 크레이터

천문학자보다는 정치가에 더 가까웠던 장 실뱅 바이의 이름은 의외로 달의 앞면에서 가장 큰 크레이터에 붙여지는 영예를 누리게 되었다. 바이 크레이터의 직경은 무려 300km가 넘어서 저 장대한 클라비우스보다도 70km가량 더 크다. 다만 앞면이라고는 하지만 거의 남쪽 가장자리에 위치해서 칭동의 영향을 크게 받으며, 월령을 잘 맞추지 않으면 찾기 힘들다. 게다가 위치상 둥글게 보이지도 않고 길쭉하고 납작하게 보인다.

보름 무렵에 날을 잘 맞추면 내부의 자잘한 요철들과 함께 남동쪽 가장자리(실제로는 동쪽에 있는 것처럼 보인다)에 위치한 위성 크레이터인 바이 A, B도 확인할 수 있지만 구분하기가 쉽지는 않다.

크레이터 외벽도 많이 침식되고 중앙산의 흔적도 없으며, 작은 크레이터들이 무수

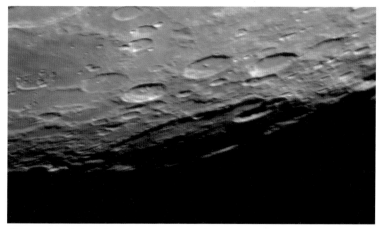

월령 13일 무렵의 바이

월령 14일 무렵의 바이

히 덧찍혀 있는 것으로 보아 매우 오래된 것으로 보이는데, 생성된 지 30억 년 이상 된 것으로 추측된다. 참고로 달 위에서 크레이터로 분류된 지형 가운데 가장 큰 것은 헤르츠스푸룽 크레이터로, 직경이 무려 536km나 된다. 하지만 달의 뒷면에 있어서 지구상에서는 보이지 않는다.

에필로그

나만의 크레이터를 찾아

　지금까지 소개된 인물들을 달 위에서 모두 만났다면, 아마도 저마다 마음속에 그다음으로 찾아보고 싶은 인물과 크레이터가 생겼을 것이다. 예를 들어 갈릴레이와 뉴턴이 있다면 아인슈타인이나 보어 같은 사람의 크레이터는 없을까? 당연히 있다. 아인슈타인과 보어의 크레이터는 달의 북서쪽 가장자리에 서로 가까이 위치해 있는데, 워낙 가장자리라 찾기가 힘들다.

　퀴리 부인도 있다. 남동쪽 가장자리라서 관측이 거의 불가능하지만 120km가 넘는 큰 크레이터에 그녀의 이름이 붙여져 있다. 특히 남편의 성인 퀴리가 아닌 '스클로도브스카'라는 원래 성으로 붙여져 있으며, 남편인 피에르 퀴리와 사위인 프레데릭 졸리오 퀴리의 크레이터도 있어 허셜 일가와 마찬가지로 가족이 함께 달에 이름을 올려놓았다.

　달의 북극 근처에는 북극탐험가인 로버트 피어리의 크레이터가 있으며, 남극 부근에는 남극점 정복을 놓고 생사를 건 경쟁을 벌였던 아문센과 스콧의 크레이터도 있다. 80년대 유명 가수인 올리비아 뉴튼존의 외할아버지도 달에 이름이 올라 있다. 그녀의 외할아버지는 노벨상을 받은 독일의 물리학자이자 수학자인 막스 보른이다. 막스 보른의 크레이터는 랑그레누스에서 동쪽으로 약간 떨어진 곳에 위치한다.

　다른 어느 천체보다도 지구에 가까운 달은 그만큼 지구인의 삶과 역사를 거울처럼 비추고 있다. 크거나 비싸지 않은 망원경이라도 좋다. 오늘 밤 하늘이 차분하게 개어

소백산 천문대 위로 지는 달 (사진/박승철)

있고 달이 예쁘게 떠 있다면 자신만의 크레이터와 인물을 찾아서 월면을 거닐어보면 어떨까? 아서 클라크 경이 쓴 SF소설의 고전 〈2001 : 스페이스 오디세이〉의 한 구절을 떠올리면서 말이다.

"지구상에 살았던 모든 생물 가운데 달을 끊임없이 바라본 것은
인간원숭이가 처음이었다."
"Of all the creatures who had yet walked on Earth,
the man-apes were the first to look steadfastly at the moon."

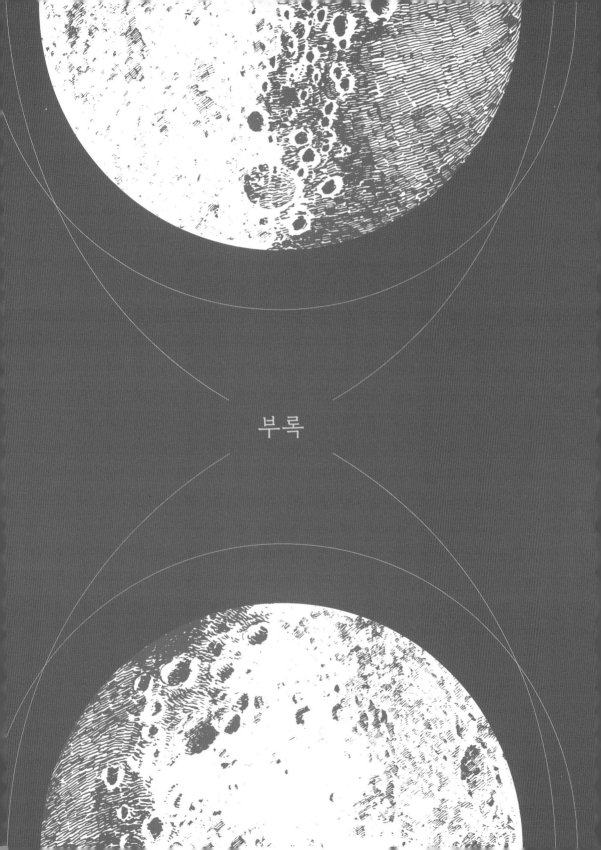

부록

쌍안경을 이용한 달 관측

망원경은 없지만 마침 작은 쌍안경이 하나 있는데, 이것으로 달을 관측할 수는 없을까? 보통 판매되는 지상용 쌍안경의 배율은 대략 8~12배 정도인데, 이 정도 배율로 달 표면의 세밀한 모습을 관측하기는 어렵다.

하지만 실망할 필요는 없다. 갈릴레이가 크레이터를 발견할 때 쓴 망원경은 배율이 20배 내외였고, 시야가 매우 좁아서 달이 한 시야에 다 들어오지도 않았다. 반면 오늘날 쌍안경은 시야도 넓고 보기 편하다. 게다가 두 눈으로 보면 한쪽 눈으로 보는 것에 비해 훨씬 더 잘 볼 수 있다.

쌍안경으로 달을 볼 때 가장 큰 문제는 흔들림이다. 이 때문에 삼각대를 준비하는 것이 좋다. 시판되는 쌍안경 고정대(비노홀더)를 사용하면 쌍안경을 삼각대에 쉽게 고정할 수 있지만, 여의치 않다면 끈으로 잘 고정해도 된다.

쌍안경으로 관측하기 좋은 달의 모습

지구조

지구조는 초승달과 그믐달에 잘 보이지만, 쌍안경으로 보면 반달이 되어도 그 모습을 볼 수 있다. 특히 쌍안경을 사용하면 티코 같은 크고 밝은 크레이터들과 레이 시스템을 희미한 지구조 안에서 확인할 수 있다.

지구조가 만들어내는 아름다운 풍경 (사진/박승철)

달의 바다

달의 바다는 거대한 크레이터에 용암이 들어차 어둡게 보이는 지역이다. 우리가 흔히 달의 토끼라고 부르는 부분인데, 쌍안경을 이용하면 바다를 이루고 있는 거대한 분지들의 전체적인 배치와 구조를 더 자세히 볼 수 있다.

쌍안경으로 본 달의 바다와 레이

레이 시스템

보름 무렵에는 달 전체를 뒤덮고 있는 레이의 전체적인 모습을 확인할 수 있다. 대표적인 것이 티코, 코페르니쿠스, 케플러를 잇는 레이 시스템이다. 그밖에도 달의 북동쪽 위쪽의 탈레스, 동남쪽 가장자리의 스테비누스, 서쪽 끝의 비르기우스 같은 밝은 레이를 가진 크레이터들을 확인할 수 있다.

쌍안경으로 본 월령 6일 무렵의 달

월출 직후 바다 위에서 일어난 월식

대형 크레이터

배율 10배 내외의 쌍안경을 이용하면 티코, 알폰수스, 프톨레마이오스 등과 같은 직경 80~90km 이상의 큰 크레이터들은 그 위치를 쉽게 확인할 수 있다. 터미네이터에 걸려 있는 시기라면 더 작은 크레이터들도 확인이 가능하다. 자세한 모습을 확인할 수는 없더라도 갈릴레이가 느꼈을 숨 막히는 아름다움을 공유해보자.

월출과 월몰

달이 지평선 아래로 뜨거나 지는 순간은 너무나 인상적이다. 서쪽 산허리에 걸려 막 저물고 있는 달을 쌍안경으로 보면 산의 나무들을 배경으로 보이는 달이 정말 아름답다. 숲에 닿은 달이 사라질 때까지 몇 분간의 숨 막히는 순간을 놓치지 말자. 하현 무렵 이후의 그믐달이 뜨는 순간도 정말 아름다운데, 달이 뜨는 순간, 지구조 부분이 먼저 보이고 그다음에 천천히 밝은 부분이 떠오른다.

월식

월식을 관측하는 데는 쌍안경이 아주 적합한 장비이다. 특히 몇 시간에 걸쳐 진행되는 개기월식의 경우, 지구 그림자에 가려지는 달의 모습을 끈기 있게 관측하기에는 쌍안경이 안성맞춤이다. 개기월식이 진행되면 달 부근의 별들이 보이는데, 이때 느낌이 아주 특이하다. 달이 주변의 별보다 훨씬 가까이 있다는 느낌이 들면서 깊은 우주에 빠져드는 느낌이 든다. 단, 일식은 월식과는 전혀 다른 천문현상으로, 일식을 보통의 쌍안경으로 관측해서는 절대 안 된다. 쌍안경으로 태양 쪽을 바라보는 것은 눈을 멀게 할 수도 있는 위험한 행동이다.

플레이아데스 성단(왼쪽 위) 주변에서 일어난 월식

개기월식 중에 보이는 붉은 달

낮달

낮에 뜬 달을 망원경으로 보면 파란 하늘 속에 달이 마치 물속에 잠겨 있는 것 같은 느낌이다. 자세한 지형을 구분할 수는 없지만, 한가한 오후 시간대에 푸른 하늘에 뜬 낮달을 관측하는 것은 매우 낭만적인 일이다.

박명이 끝나기 전 하늘에 떠 있는 달 (사진/박승철)